JN022314

沼田藩 美田を拓いた真田氏五代
真田用水群の魅力

上毛新聞社

［沼須用水／沼須宿の南北の大通り］ 沼田の玄関口として栄えた宿場、写真左の用水は南から北へ流れ（俗に「逆さ水」）、途中道路下を横断して宿の西の水田を潤す。

［川場用水／取水口　川場村大字谷地字黒岩］ 自然流れ込み方式で岩盤のトンネルに接続している。

［**四ヶ村用水**］ 三峯山を利根川の対岸から見る。上牧で取水し三峯山の中腹 13km を標高差 18m 以内でほぼ水平に流れている。途中2カ所の発電所と 13 の沢を渡っている。

［**押野用水／須川宿**］ 高畠山中腹・押野沢から取水、泉山を回り込み不動滝を経て東峰集落、泰寧寺、須川宿へ。用水は宿の南北道路の東側を流れるが、昔は道路中央にあった。

［白沢用水］ 白沢用水の源流、松ケ久保付近、用水源流の村は沼田藩により手厚い保護を受けていた。

［大清水用水／権現溜池下の水田］ 大峰山の東麓にある大清水用水の末端の沢入溜池、権現溜池、嶽林寺の周辺は月夜野ホタルの里として知られ、上毛高原駅の西にある。

[間歩用水／桃瀬の堰] 名久田川から取水した間歩用水が桃瀬堰を利用し調整を兼ねて桃瀬川を渡り、伊勢町方面に向かう。

[三字用水／女坂（阿難坂）方面へ] 中発知の発知神社東で発知川から取水し池田中学校西、池田神社近辺から西の山沿いを南の女坂方面へ向かう。左の水田は別用水を利用。

[沼須用水]

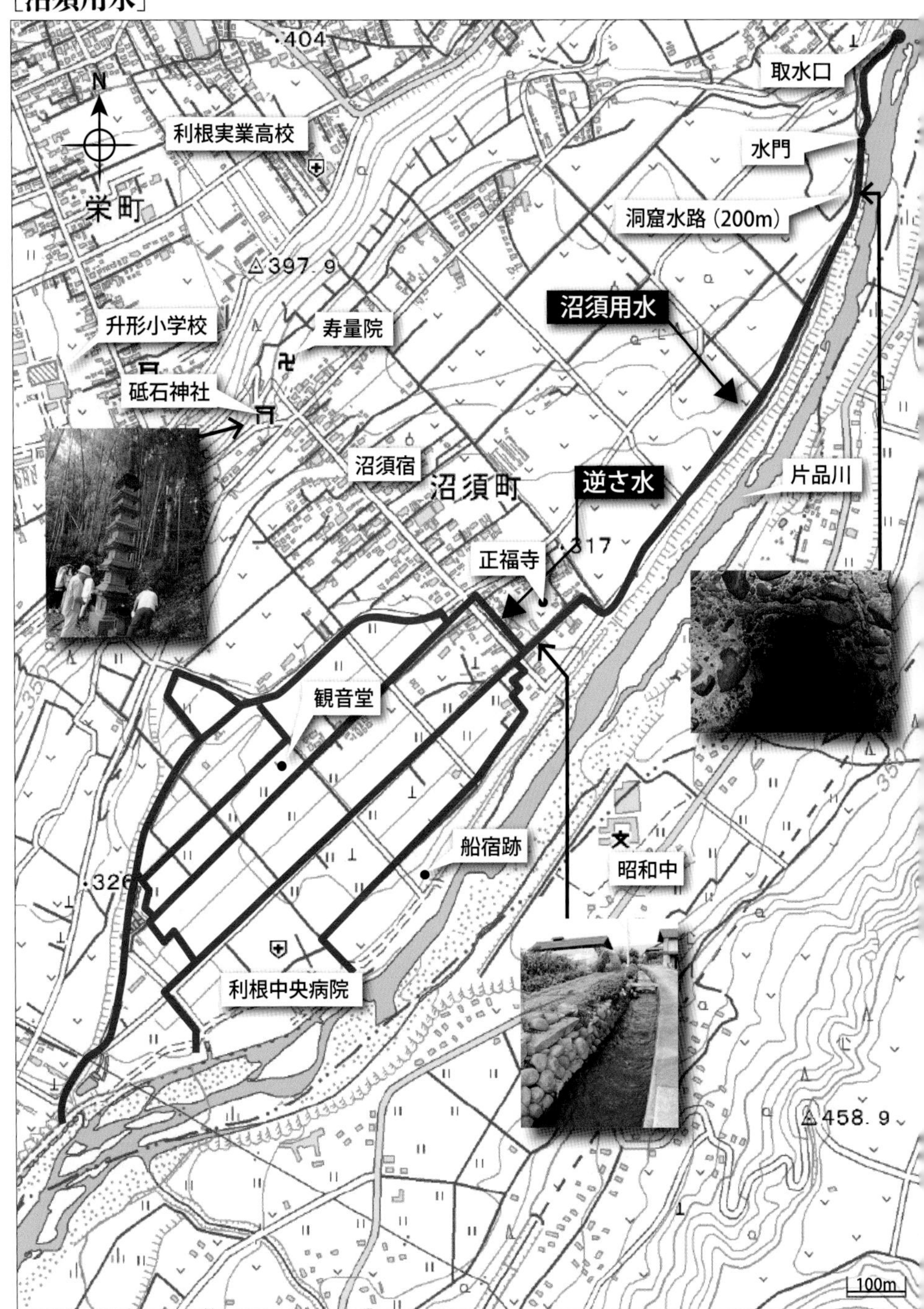

取水口
水門
洞窟水路（200m）
利根実業高校
栄町
N
・404
△397.9
升形小学校
寿量院
砥石神社
沼須用水
沼須宿
沼須町
逆さ水
片品川
・317
正福寺
観音堂
船宿跡
昭和中
・326
利根中央病院
△458.9
100m

[川場用水]

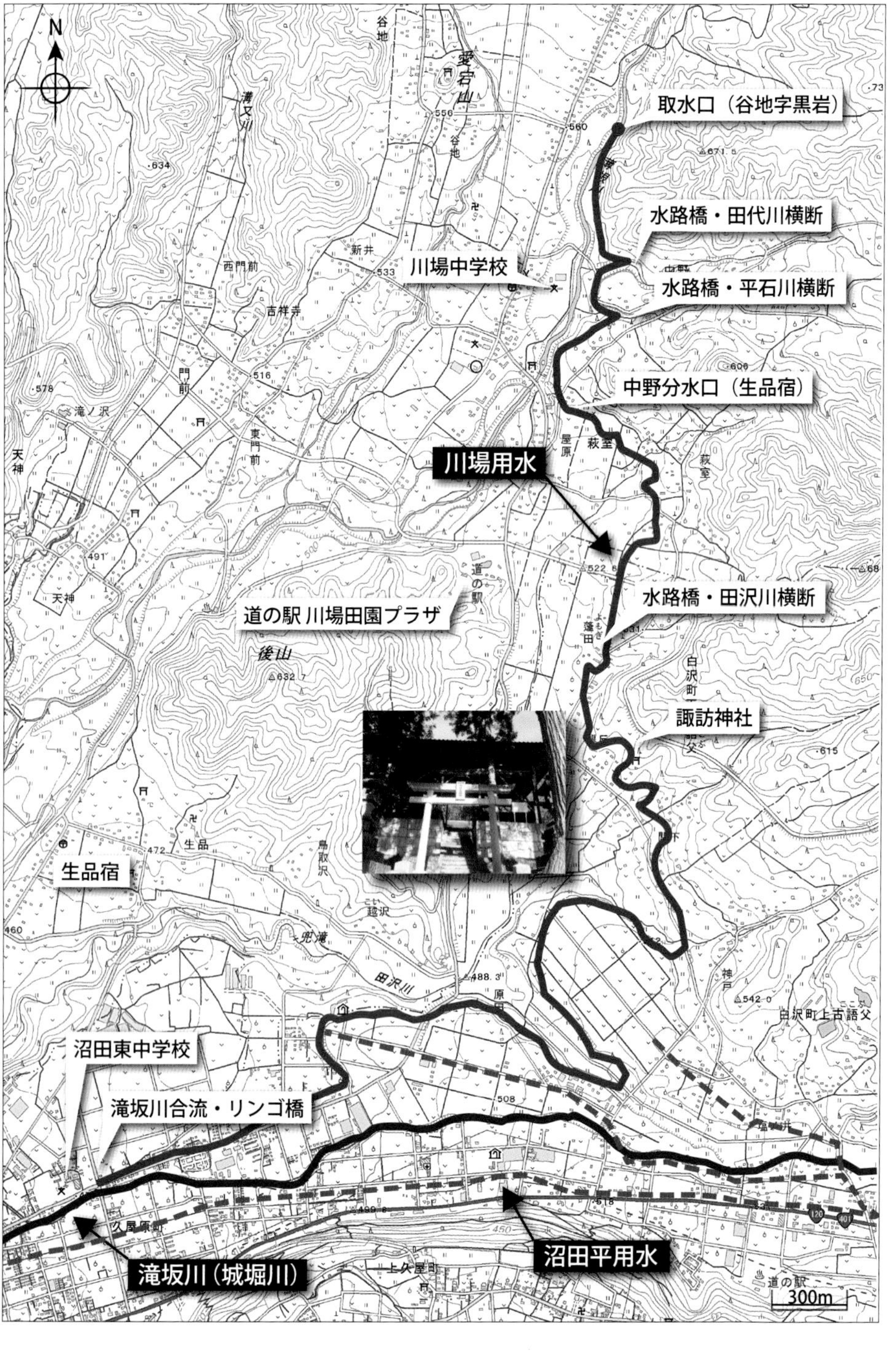
N
取水口（谷地字黒岩）
水路橋・田代川横断
川場中学校
水路橋・平石川横断
中野分水口（生品宿）
川場用水
水路橋・田沢川横断
道の駅 川場田園プラザ
諏訪神社
生品宿
沼田東中学校
滝坂川合流・リンゴ橋
滝坂川（城堀川）
沼田平用水
300m
愛宕山
新井
西門前
吉祥寺
後山
田沢川
白沢町上古語父
上久屋町

[四ヶ村用水]

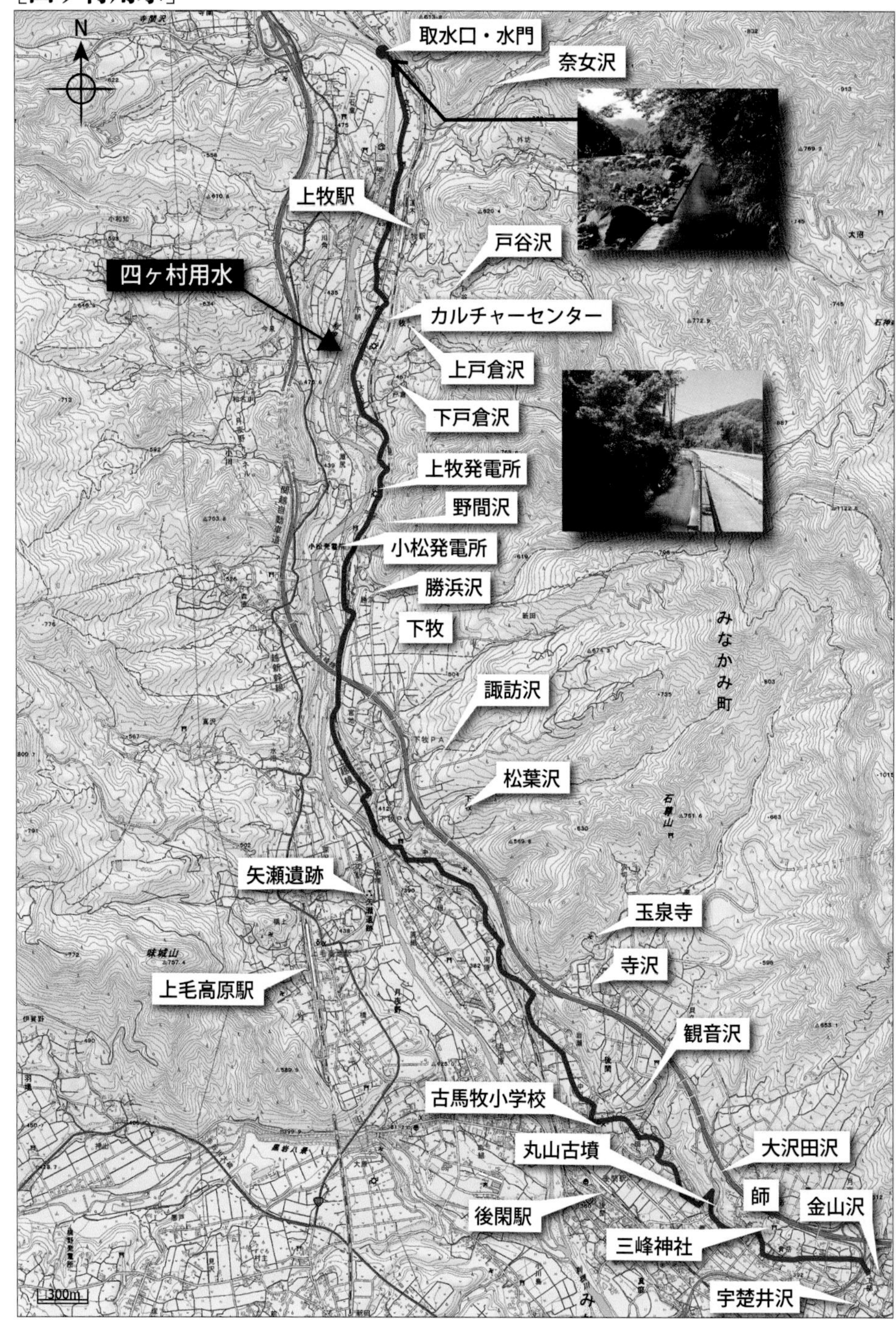

N
取水口・水門
奈女沢
上牧駅
戸谷沢
四ヶ村用水
カルチャーセンター
上戸倉沢
下戸倉沢
上牧発電所
野間沢
小松発電所
勝浜沢
下牧
みなかみ町
諏訪沢
松葉沢
矢瀬遺跡
玉泉寺
寺沢
上毛高原駅
観音沢
古馬牧小学校
丸山古墳
大沢田沢
師
金山沢
後閑駅
三峰神社
宇楚井沢
300m

［押野用水］

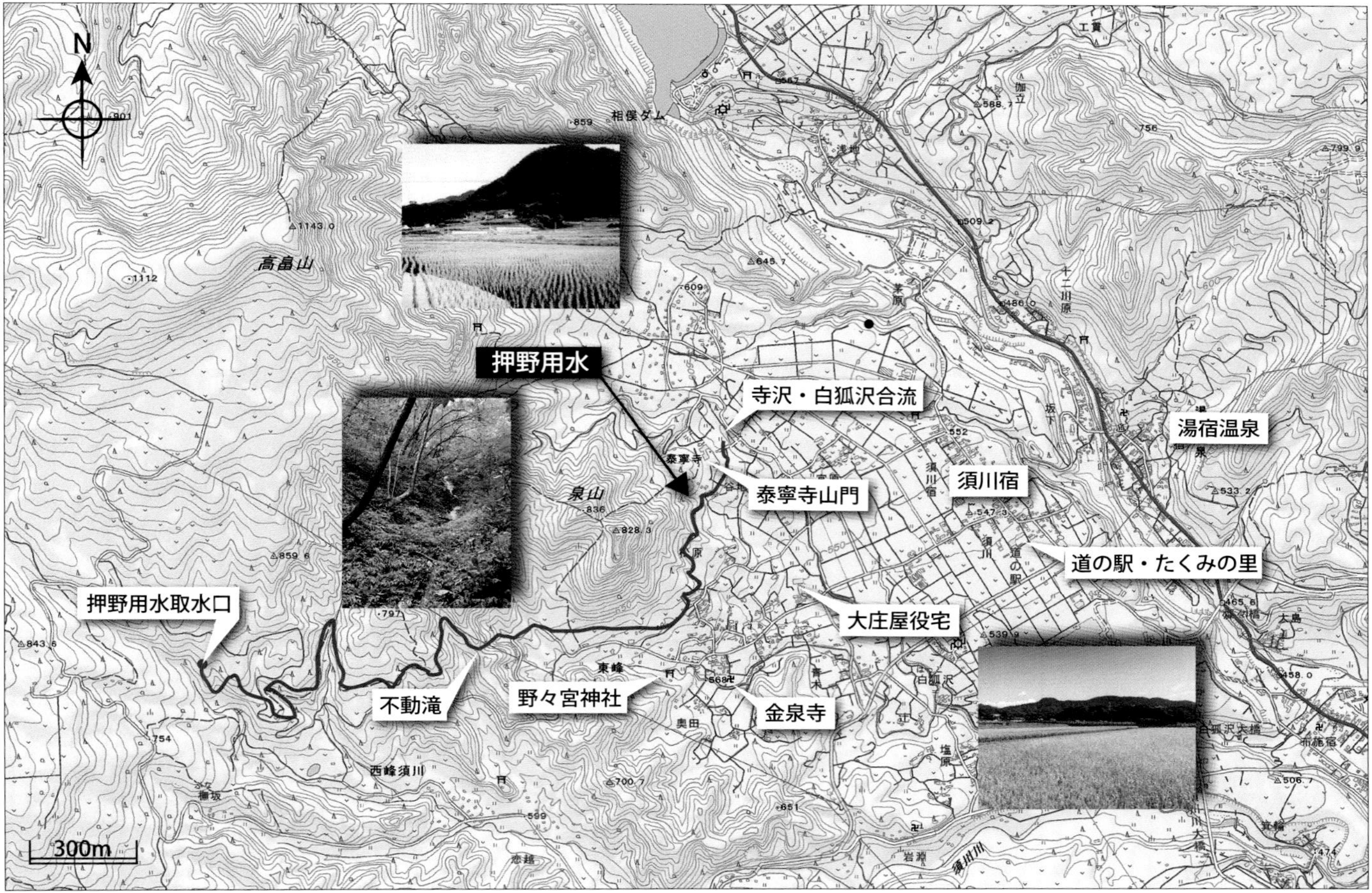

N

押野用水

寺沢・白狐沢合流

湯宿温泉

須川宿

泰寧寺山門

道の駅・たくみの里

押野用水取水口

大庄屋役宅

不動滝

野々宮神社

金泉寺

300m

もくじ

口絵

まえがき／田中　修……………………………5

Ⅰ　真田氏開削の用水群とその活用／田中　修…………11

第一章　沼田藩真田氏開削の用水群とその魅力……12

一、沼田藩真田氏の石高について
二、真田氏開削の用水群の総数、管理の状況
三、水田農業と近世の村づくり・集落共同体の形成

第二章　各用水の概況…………………………25

一、白沢用水と滝坂川（城堀川）
二、沼須用水（信之・信政）
三、川場用水（信吉）
四、四ヶ村用水（信政）
五、大清水用水と溜池群（信政）
六、間歩用水（信政）
七、三字用水（信利）
八、奈良用水（信利）
九、押野用水（信利）

Ⅱ　沼田藩真田氏の用水群の開削

沼田藩真田氏の用水群の開削…………………39
第一章　三万石から一四万石へのからくり
　―沼田藩真田氏の地域政策―／丑木幸男……40
はじめに
一、三万石から一四万石余へ
二、石高制
三、沼田藩の地域政策
まとめとして　沼田真田氏の地域政策
第二章　白沢用水・滝坂川（城堀川）／金井竹徳……75
一、滝坂川の水みち（白沢用水・川場用水）
二、白沢用水と川場用水の歴史
三、城堀川（白沢用水）の水みち
四、城堀川の水みち（白沢用水と川場用水合流）
おわりに
第三章　沼須用水の概要／金井竹徳……84
はじめに
一、沼須用水の歴史
二、用水の流路
三、沼須用水の現状
おわりに

第四章　川場用水　―沼田藩真田氏の用水開削と新田開発―／藤井茂樹……89
はじめに
一、信之の城普請と町づくり
二、川場用水開削の時期と経緯
三、川場用水の規模と工夫
四、真田用水と新田開発
五、川場用水の灌漑面積
六、用水維持の負担
まとめ
第五章　四ヶ村用水／渋谷　浩……114
はじめに
一、北条氏の滅亡
二、真田信幸（之）と沼田領
三、四ヶ村用水
四、四ヶ村用水を守ってきた農民の足跡
おわりに
第六章　間歩用水　―吾妻郡中之条町―／藤井茂樹……132
一、真田氏と用水開削
二、間歩用水の開削年代
三、取水と流路
四、開削工事
五、間歩用水の保存を

第七章　三字用水、奈良用水／高山　正……………140
一、岡谷用水（三字用水の一つ）
二、奈良用水
三、用水調べの取り組み
第八章　押野用水の開削と藩政改革／利根川太郎……………156
はじめに
一、押野用水に関する史料
二、「須川記」から（『新治村史料集』第一集）
三、「押野堰開鑿紀功碑」（『利根郡誌』「金石文 七十五」から）
四、押野堰開鑿技術について（『新治村誌』三〇九頁参照）
五、用水の取り入れ口（河合雄一郎家文書〈県立文書館蔵〉参照）
六、押野堰の維持管理について
七、沼田藩の歴史的背景について
まとめ
第九章　押野用水と歩んだ大字東峰須川／河合明宣……………187
一、押野用水工事の特徴
二、用水路の配置と既存水田
三、水番と「押野堰用水懸田反別帳」安永四年（一七七五）
四、押野用水の近年の変化：潜在的食料自給率と農業の多面的機能
まとめ
おわりに／田中　修……………202

まえがき

　真田用水研究会立ち上げのきっかけは、平成二十八年ＮＨＫ大河ドラマ「真田丸」の放送決定で、放送開始直前から講演会も含め合計五回の研究会を開催したことである。

　第一回真田用水研究会は、平成二十七年十二月川場村で「川場用水の概要と見学会」を開催。第二回研究会は、翌二十八年一月大河ドラマ放送開始、三月みなかみ町で「四ヶ村（しかむら）用水の概要と見学会」を開催。第三回研究会は、同年六月の放送大学「土曜フォーラム」に共催し丑木幸男氏講演会「沼田藩真田氏、三万石から十四万石へのからくり」を沼田市で実施。第四回研究会は、同年十月にみなかみ町新治（にいはる）支所で「押野（おしの）用水の概要と見学会」を開催。第五回研究会は、平成二十九年七月に沼田市で「女坂（おんなざか）・奈良用水、沼須（ぬます）用水の概要と見学会」を開催。

　その結果、真田用水群開削の背景には、沼田藩真田氏五代の藩政改革と近世村づくりが深く関わっていることが明らかになった。そこで研究会での講演、報告要旨をこのまま眠らせておくのは惜しいとの声もあり、その成果を一冊にまとめることにした。

これより前、平成十七年四月、群馬県は機構改革を実施し利根・沼田県民局が創設された。私がそこで仕事をするようになった時に、ある人に県民局は、地域の人々に夢や希望が持てるような魅力的な仕事をして欲しいと言われた。

そこで、地域の魅力をどう掘り起こすべきかについて、このとき真剣に考えた。そして地域の地理的条件や基幹産業の農業や観光などについて現地をよく知るとともに地域の歴史を学ぶことが重要であると考え、地域をくまなく回ることと併せて、各市町村誌などから歴史をさかのぼって構造的に学ぶことにした。

この時に、利根・沼田地域は昔から関東と越後、奥州、信州、下野とを結ぶ交通の要所であり、近世初期の沼田藩真田氏の藩政改革が、近世の村・集落の形成に深い関わり合いがあることが分かった。

沼田藩真田氏については、真田伊賀守信利時代の重税問題や磔茂左衛門伝説との関係から、あまり明るいイメージは考えられなかったが、丑木幸男氏の先進的な研究成果『磔茂左衛門一揆の研究』によると、内高では四万二千石、伊賀守信利の寛文検地では十四万四千石、真田氏改易後の幕府・前橋藩による貞享検地では六万五千石とあり、信政や伊賀守の検地は幕府公認ではないものの、その評価の差が極めて著しいことに大きな疑問をもった。

これには、真田氏の藩政改革や松代藩真田氏との深い関わりがあり、単なる検地の結果によるものではないことが、同書の指摘などから知ることができる。また、現地を見て、近世初期の真田領時代に開削された数多くの中小規模の農業用水と近世の村・集落の形成・

確立について、その意義・背景を考察してみる必要があると思われた。

一般に農業用水については、中世の中小規模溜池の築造時代から、近世の平野部の大規模な農業用水の開削・築堤などによる新田の開発などがよく知られるところであるが、その中間である中世末期から近世初頭にかけては、戦国時代をはさんで新しい泰平の時代への移行期で未解明なところが多い。真田用水群はこの時代に開削されたもので、泰平の時代の到来にいち早く対応して、険しい中山間地の自然環境の中で、中小規模の用水を数多く開削するとともに近世の村・集落の形成に取り組んだところが注目される。

これら真田氏開削の中小用水群は、中山間地特有の険しい地形と自然環境の中で、岩盤をくり抜いた取水口や隧道（ずいどう）、いくつもの沢を渡る箱樋、山裾をうねるように引かれた緩やかな土水路など、その測量技術や開削技術が注目される。このことと関連して開削された用水のほとんどが、その後に災害や洪水に遭いながら村・集落共同体やその連合体（組合）によりいくたびも改修が繰り返され、その後の支配者の交代（本多・黒田・土岐の各氏）や支配体制の変革、つまり幕藩体制から明治維新、近現代の地租改正、農地改革を経て守られてきた。そして、今日もその用水の原型や水利規制は守られており、農業用水として活用されていることに大変魅力を感じる。

農業的土地利用と用水史の視点から利根沼田農業を俯瞰（ふかん）すると、真田氏の支配下で中世末から近世初期には、水田農業を中心とする検地の実施による石高制と村・集落共同体が形成された時期と思われる。その施策は特に、真田氏四代藩主信政や五代信利の時代に顕著に見られ、特に信政は「開発狂」といわれ、「真田の八宿」「信政の七用水」などの言葉が今日も伝えられるように、新田開発、用水開削などに熱心であった。開発の意味は、当時の技術で谷底を流れる河川水を上流から引水して山麓や台地に水田を少しでも増やすことであった。それは従来、牧や雑草地、焼畑が行われていた土地に水を引き屋敷を割り振り、農民を定住させ水田稲作を行うことであった。このことは中山間に多い山麓や台地上の畑地を灌漑により水田化し、劣等地を優等地に改造し新しい村落を形成することであり、用水の管理を集落共同体が担うことにより、村・集落の土地を百姓・農民が高度に装置化して共同で生産力を高めることを目指した。

日本における稲作と水田農業については、縄文末期・弥生時代から継続され、古代・中世、近世、さらに明治維新を経て現代まで継承され発展を遂げてきた。特に近世以降は村・集落共同体と農民、集落連合（組合）に支えられた農業用水により永々と三五〇年以上も続いてきたことは周知のとおりである。

ところが、この米作りも高度成長期の昭和四十五年、総合農政の時代に米過剰が恒常化し、米価維持のための政府の財政負担経費の増大が重荷となり、突然、減反政策が強力に進められ、稲作から大豆・麦類などへの転換が奨励されるようになった。また、食生活の変化からも日本農業は政策転換を強いられ畑野菜作りが重視され、沼田平用水や赤城北麓用水に象徴されるように、近代的な畑地灌漑施設が整備され、灌漑による野菜の雨よけ栽培（加温しない雨よけハウスを利用）などによる野菜産地の育成が奨励された。その結果、利根沼田地域は、高冷な気象条件と畑地灌漑施設を整備した雨よけ栽培などによるイチゴ、トマト、レタス、枝豆などの関東における代表的な優良夏秋野菜の産地へと変貌してきた。

他方、米作りでは国内水田面積の四割に近い減反政策が実施され、さらに自由化・国際化によるGATT・ウルグアイ・ラウンド協定に基づくミニマムアクセス米（米関税化回避のための義務的輸入枠）の増加や食生活の変化などによる米消費量の減少で、今日も米価の低迷は継続している。

そして、米過剰の中にあって米作りにも変化が見られる。それは、良食味米のブランド化による付加価値の高い米生産で産地の生き残り方策が模索されていることである。従来、二毛作の限界地といわれた群馬の平野部の米は、味の評価は余り高いものではなかった。しかし、近年、川場村をはじめとする北毛の米単作地帯が注目されており、良食味米の産地として全国で高い評価を獲得した。群馬県でも北毛の一毛作田地帯の米の味は、隣接新潟県魚沼産米コシヒカリと比較しても遜色ない良食味米との評価が定着しつつあり、真田氏以来の米作りを元気づけている。

利根沼田地域の水田農業、畑地灌漑農業は、いずれも高冷な気象条件と地域資源としての豊富な水を有効に活用した付加価値の高い農業生産地域として、現在、高い評価を得ている。

その上に、真田用水群の歴史とその後の村・水利組合（集落・集落連合、土地改良区など）による水田稲作の維持管理についての意義が本書により明確にされることは、地域農業や環境保全にとって極めて有益なことである。また、貴重な歴史遺産・真田用水のストーリーが新たに加わることで、地域農業ブランド化や利根沼田地域のいっそうの発展に貢献できることを信じてやまない。

本書は、真田用水研究会での講演・報告要旨をまとめたIIと、その後の現地調査・編集会議を踏まえた概説Iとからなる。執筆者は、真田氏の用水開削の歴史的意義・背景を新しい視点から解明した丑木幸男氏をはじめとして、真田氏研究の第一人者である渋谷浩氏、藤井茂樹氏、高山正氏、利根川太郎氏と農業・環境問題研究者河合明宣氏、田中修らによる共同研究の成果である。また、現地調査や研究会では、群馬県利根沼田農業事務所農村整備課や関係市町村の土地改良や教育委員会関係者の皆さまに、多大なご協力をいただいたことに心から感謝を申し上げたい。

集落の人口や水田農業の担い手が減少しているが、厳しい自然環境の中でこの条件を付加価値の高い農業生産に活用することで守られている、中山間地農業や貴重な歴史遺産・真田用水群について、その維持管理の重要性を一人でも多くの人々に理解してもらいたいと考えた。また、本書をきっかけに地域の歴史文化の見直しが進み、新たな地域起こしの一助となれば幸いである。

令和元年十二月吉日

真田用水研究会代表幹事　田中　修

Ⅰ 真田氏開削の用水群とその活用

第一章　沼田藩真田氏開削の用水群とその魅力

沼田藩真田氏の最後の城主となった五代真田伊賀守信利（のぶとし）は、両国橋の架け替え工事の用材調達の遅れが原因となり、幕府により改易になったといわれている。また、信利の重税や過酷な税の取り立て説、磔茂左衛門伝説などから沼田真田氏のイメージはかなり暗い。このことは関ヶ原の合戦を前にして、徳川秀忠軍を相手に上田城の攻防で真田昌幸・信繁親子の奮闘ぶりや、大坂冬の陣・夏の陣における信繁の勇猛果敢な戦いぶりで、一躍天下に名声をとどろかせた華やかな真田氏のイメージからはほど遠いものがある。

一　沼田藩真田氏の石高について

通説は、徳川幕府の朱印状では信之（のぶゆき）時代には三万石、信政（のぶまさ）時代の寛永二十年（一六四三）の検地では内高で四万二千石へ、信利の寛文二・三年（一六六二・六三）の検地では内高一四万四千石、真田氏改易後の幕府の命令による前橋藩実施の貞享元年（一六八四）の検地では六万五千石とあり、信政や信利の検地は公式ではないものの各評価の差が著しく、なぜこのような大きな違いが生じたのか、疑問が残る。

これには真田氏の藩政改革や松代藩真田氏との深い関わりがあり、単なる検地の結果によるものではないことが、丑木氏の著作などから知ることができる。慶長五年（一六〇〇）関ヶ原の戦いで父真田昌幸・弟信繁が西軍に属し、信之は東軍に属し苦しい立場にあった。西軍は敗れ昌幸らは高野山に配流になったが、信之は上野国二万七千石と信濃国小県郡三万八千石の本領安堵とともに三万石を加増され、計九万五千石となった。同十五年昌幸は久度山で死去、同二十年大坂夏の陣で信繁は大坂方に属して戦死した。元和二年（一六一六）年に信之は上田城に入り、沼田城は信之の意向で嫡子信吉（のぶよし）を置いた。同八年（一六二二）に信之は松代に転封となるとともに一三万石に加増され、そのうち三万石は沼田領で、沼田と松代は一体的に運営され信之の意向に従った。

寛永十一年（一六三四）信吉は死去し、嫡子熊之助が沼田城主になるが、同十五年熊之助も七歳で死去し、信吉の子どもで熊之助の弟信利と信吉の弟で熊之助の叔父の信政が後継候補であったが、信之の意向で同十六年信政が沼田城主となった。明暦二年（一六五六）、九一歳で信之の隠居が認められ十七年間沼田城主であった信政が松代城主になり、沼田城主に信利が就任した。しかし、同四年信政が死去し信政の嫡子二歳の幸道（ゆきみち）と信政の甥の信利に後継の可能性があったが、信之の意向が通り松代一〇万石は幸道が藩主に決まり、以後沼田真田氏との交流も禁じた。ここに沼田真田氏は、松代真田氏と絶縁し自立の道を歩むこととなった。

信利の藩政改革と総検地について触れてみよう。沼田真田氏の藩内経営については、信之、信吉の時代は、沼須新田開発や川場用水の開削が行われるが、当時は戦乱で疲弊した領民生活の回復が中心で、城下や町割の整備などに追われた。信政時代には、新田開発や用水開削などに積極的に取り組み、信政は「開発狂」といわれるほど熱心であり、農業生産や経済基盤の充実を図った。三万石から四万二千石への増加は、信政の積極的な開発政策の成果であった。

信利は松代藩真田氏と絶縁となり自立の道を歩むことになるが、松代を意識した藩政改革に熱心に取り組むこととなった。信利の藩政改革は、このような背景の下で領内の総検地を実施し、それまでの地侍による知行を認めた貫高制を廃し、検地を徹底して藩としての総石高を定めて、家臣はここから家格に応じた禄高を得る石高制に改め、藩主の権限を著しく強化するものであり、これは名実共に近世大名への移行を意味した。

藩政改革の内容については、①家臣団の統制、地方知行の廃止、②領内総検地の実施（実測による）、③石高制導入、年貢制度改革などであった。信利の寛文総検地の結果、沼田藩の石高は一四万四千石となり、信之時代の四・八倍に、信政時代の三・四倍となり、松代藩一〇万石を凌ぐものであった。しかし、検地の方法・内容に問題があったため、改易後に前橋藩の貞享検地により改められた。

寛文の検地の方法では、①田畑等級の引き上げにより細かく規定され（上田・中田・下田・下下田など、畑同様）、上田・上畑の割合が増した、②石盛（田畑の格付けと収穫量）の引き上げ、例えば上田一・五石、中田一・三石、下田一・一石、下下田〇・九石など（貞享の検地では上田一・二石、中田一・〇石、下田〇・九石、下下田〇・七石など）、③新田開発を検地により把握し、隠し田畑の摘発、④強引な面積確保であり、一筆当たりの面積を大きくして耕作不可能な畔や田畑内の石などの面積が除かれていないこと、山間地の畑なども耕作地に含まれたことなどが指摘されていた。そのため、寛文の検地は実際の藩内の総石高・総生産力よりも過大な評価となり、実際の総石高を反映するものではなかった。

また、この検地の結果が直接年貢の増加となったわけではないが地域差がみられ、年貢額は利根では内高の一八～二〇％、吾妻では内高の四二～四四％であり、延宝元年（一六七三）がピークで、改易直前では内高一四万四千石の二九・六八％であったといわれる。しかし、検地を実施するには、強大な領主権力が必要不可欠で、真田信利が近世大名として成長したことを示している。このことは「領内支配の面でも、家臣を統率する藩政改革を、信之の指示支援なしでやりとげたことから、松代藩から自立できた」といわれる。三万石から一四万石への増加のからくりは、石盛操作が大きかったといわれるが、新田開発や用水開削などによる総生産力の増大があった。

二　真田氏開削の用水群の総数、管理の状況

近世初期、沼田藩真田氏の歴代藩主により開削された中小規模用水群の数は、総数でどれくらいあり地域的にはどこに幾つあったのか、開削の推移とその時代別背景について考察してみたい。

沼田藩真田氏開削の用水について『群馬県土地改良史』や関係『市町村誌』を中心に調べてみると、真田氏に開発されたと思われる多数の中小用水群や新田開発、宿割などが記録されている。新田開発の場合、用水開削を伴う場合が多いが、まず飲用や生活用水の確保などが優先であり、水田農業への利用は後回しで、必ずしも明確に示されていない。

用水開削と新田開発の違いについては、本書藤井報告でも触れている。用水開削の場合では、信政の時代までは開削費用やその後の維持管理や修復費も一定の藩費の支出が明記されており、川場用水の場合は城下で暮らす人々の飲用や生活用水として、その目的の重要性から藩の直接的管理が明確にされている。新田開発の場合、受益者負担的な性格がより強く、藩は割り付け地の提供程度で費用はあまりかからないことが指摘される。

利根沼田地方は、盆地中央の一部を除くと地形は険しく、多くは山麓や台地上の畑地帯であり、水田面積は少ない。真田氏時代は水田一反歩は畑地二反歩と二倍の評価であったといわれるが、実際はそれ以上の評価の可能性がある。また、正徳元年（一七一一）ごろの「上州沼田領田畑反別」（金子昌宏『江戸時代沼田の庶民の暮らし』）によれば、水田率は一

表1　沼田藩真田氏藩主関与の用水と寺社数

真田氏領主在任期間等	用水	寺社	寺院	神社
初代　信之 天正18～元和2年（1590-1616）26年間	10	32	12	20
2代　信吉 元和2～寛永11年（1616-1634）18年間	6	13	7	6
3代 熊之助 寛永11～寛永15年（1634-1638）3年間	0	0	0	0
4代　信政 寛永16～明暦2年（1639-1656）17年間	25＋α	8	3	5
5代　信利 明暦2～天和元年（1656-1681）25年間	38	69	27	42
小　計	79	122	49	73
真田氏と思われるもので年代不明の用水や寺社等	21	27	13	14
合　計	100	149	62	87

出典：群馬県土地改良史、各市町村史から作成。寺院・神社数は本書丑木論文から。
（注1）α＝町割、宿割、新田開発など。

部の村を除けば二～三割の村が多かった。地域の状況からすれば、新田開発は主に畑地が中心であったと思われ、用水開削もまずは飲用や生活用水が優先され、残りが水田稲作に回されたと考えられる。

真田氏開削の用水群の数は、『群馬県土地改良史』や『市町村誌』などでは約一〇〇余が数えられ、山麓や台地の新田開発や宿割整備と関係し、現在でもその多くが地域農家に守られ農業用水として活用されていることは興味深い。

沼田藩真田領時代、すなわち天正十八（一五九〇）～天和元（一六八一）年の九一年間で、徳川氏が江戸に幕府を開いた時期（一六〇〇年）から約八〇年間、真田氏五代の間に、年代や藩主名が分かる中小用水開削については七九用水以上、年代不明であるが真田領時代に開削されたと思われる二一用水を含めると約一〇〇余が数えられる（**表1**）。

初代信之時代は、天正十八年から元和二年（一五九〇〜一六一六）までの二六年間で一〇用水を開削、沼須の新田開発や川場用水の開削計画など沼田城下周辺の整備や戦乱・困窮により逃散した農民の復帰や荒れた田畑の回復に重点が置かれた。

二代信吉時代は、元和二年から寛永十一年（一六一六〜一六三四）の一八年間で六用水を開削、川場用水の完成をはじめ、新田開発や用水開削も行われ、その測量調査や開削技術がこの頃すでに確立していたと思われる。

三代熊之助時代は、寛永十一年から寛永十五年（一六三四〜一六三八）の三年間と短い。

四代信政時代は、寛永十六年から明暦二年（一六三九〜一六五六）の一七年間で新田開発や二五用水を開削、利根本流から取水する四ヶ村用水や吾妻郡を代表する間歩用水など比較的受益面積が大きく、真田用水を代表するものが多い。「信政の七用水」といわれるもので、四ヶ村用水、政所用水、渕尻用水（月夜野用水）、間歩用水、須川用水、雁ケ沢用水、道木前田用水がある。大峰山麓では、大峰沼に取水口を設け大峰用水を開削したり、従来の天水田地域に溜池を築き、地域の湧水を引水する大清水用水などを開削した。また、信政は、新田開発や宿割にも熱心で「真田の八宿」といわれる生品、湯原、沼須、森下、真庭、月夜野、須川、岡谷宿など、その多くが信政時代（一部信利）に開宿されたことから「開発狂」と呼ばれた。これまでの新田開発や用水開削により、信政が寛永二十年（一六四三）に実施した検地では、沼田藩の内高は四万二千石と大幅な増加となった。

五代伊賀守信利の時代は、明暦二年から天和元年（一六五六〜一六八一）の二五年間で

表2　沼田藩真田氏の藩主と用水開削数

沼田藩主名			信之	信吉	信政	信利	不明
利根郡	**72**(合計)	**－51**(計)	9	3	21	18	21
沼田市	20	－15	6	-	3	6	5
月夜野町	31	－27	2	2	7	6	4
川場村	5	－2	-	1	-	1	3
利根村	1	－1	0	0	1	0	0
白沢村	4	－0	-	-	-	-	4
水上町	8	－3	-	-	-	3	5
新治村	3	－3	1	0	0	2	0
吾妻郡	**28**（合計）	**－28**（計）	1	3	4	20	0
中之条町	16	－16	0	2	1	13	0
吾妻町	8	－8	1	0	2	5	0
東村	1	－11	0	0	0	1	0
嬬恋村	3	－3	0	1	1	1	0
合計	**100**	**－79**（計）	**10**	**6**	**25**	**38**	**21**

（注）不明＝領主・年代不明の用水。　出典：群馬県土地改良史、各市町村誌より。

三八用水にも上り、よく知られるものは三字(みあざ)用水（＝女坂用水、すなわち戸神、岡谷、町田の三字(あざ)）や奈良用水、押野用水などで、信政時代のものと比較し山間地で小規模なものが多いが、蓄積された技術や経験を生かし、地域の地形を良く研究したコンパクトな用水開削がみられる。

以上、合計七九用水であるが、信政二五用水、信利三八用水とこの二人に特に多いことが注目される。その他に年代不明であるが真田氏開削の可能性のある二一用水も含めると、百余にも上る。

地域的に多いのは、利根郡では旧月夜野町（現みなかみ町）三一用水や沼田市二〇用水、旧水上町（現みなかみ町）八用水などで、吾妻郡では中之条町一六用水や吾妻町八用水などである（**表2**）。なお、これらの多くが現在でも地域農家により活用され維持管理されている。

さらに本書丑木報告では、真田氏は用水ばかりでなく神社、仏閣も数多く建造していたことが指摘される。近世初頭、戦国時代の終焉と泰平時代の到来に直面し、藩経済基盤の安定のため新田開発や用水開削と合わせ、領民の精神・文化の安定基盤として神社仏閣の整備を行っていることについて、真田氏の先見性に感心せざるを得ない。

真田氏が領民の支配を安定化させるため、建造したと思われる神社・仏閣の数については、合計一四九件にも上り、うち寺院六二件、神社八七件が数えられる。初代藩主信之の時代には計三二件で、うち寺院一二件、神社二〇件であり、信吉時代には一三件が、信政時代には八件が建造されており、伊賀守信利の時代では計六九件で、うち寺院二七件、神社四二件と信之の二倍以上と極端に数が多い（**表1**）。藩主の在任期間の長さを考慮しても、領民の精神文化安定に初代信之や伊賀守信利が強い関心と配慮を示していたと考えられる。

特に伊賀守信利については、単に新田開発や用水開削といった経済面で石高増加を目指しただけでなく、神社仏閣の建造を通して領民の精神文化の安定を願う賢明で積極的な姿勢もうかがわれ、この時代には藩内統率力は著しく強化されたと思われる。このことは従来の評価と異なることから、今後も慎重な検討が必要となろう。

三　水田農業と近世の村づくり・集落共同体の形成

沼田藩真田氏時代の水田は貴重で畑地の二倍以上の評価であり、水田農業の拡大はイコール石高増加であった。水田が全耕地面積のわずか二〜三割に過ぎない中山間地の小藩ではあるが、用水開削による畑地や放牧地の水田化は、土地生産力を高め石高増加につながる。水田の少ない畑作地域では米の貴重性、水田農業の重要性は計り知れないものがある。

そのため、険しい地形や土地条件の下で、領主（普請奉行）と農民が協力して知恵を絞り中小用水の開削、水田開発に取り組んだが、開削された用水路を洪水や災害から守るために、懸命な努力と多大な負担を負ってきたと思われる。

真田用水の開削年次や藩主名ごとの用水数についてはすでに明らかになったが、信之や信吉時代の沼須用水や川場用水などでの用水開削の技術的内容やレベルは、すでに相当高度なものが見られる。

これが基礎となり、信政時代の四ヶ村用水や間歩用水では、川場用水や沼須用水で開発された技術と経験を生かし、より大規模で困難な条件を克服して用水を完成させている。また、大清水用水では天水田に近い谷地田（やちだ）に溜池を築き、これに湧水を分水口で厳格に分水し溜池に注ぐ、溜池は貯水機能と水を温めて使用する効果を考えている。

信利時代の女坂用水や奈良用水、押野用水では距離的に短い用水ではあるが、自然の地形を生かしてコンパクトでより精緻な用水開削が行われていたと思われる。そこには「土地に刻まれた歴史」や「人々の知恵・真実の重さ」が伝えられていることを、今日我々は学ぶことができる。

沼田藩真田氏治世の近世初期の用水開削・新田開発、また、神社・仏閣の建造には、近世の村づくり・集落共同体の形成が読み取れる。特に用水開削においては支配層の領主による発案や費用支出ではあっても、地域の農民らの協力がなければ工事着工は不可能である。さらに、本書渋谷報告や河合報告に指摘されるように、完成した用水も山岳の険しい自然環境では、絶えず用水の維持管理には村・集落共同体や村連合体の協力なくしては成り立たないことが分かる。用水開削は、農民を集落に定着させ水田農業を実施して土地生産力・総石高を高めることが目的で、領主は村・集落を通して徴税や賦役の負担など、新しい支配機構（村・集落内の庄屋や五人組制度を通して）の確立にも役立った。

しかし、近世的な村・集落形成では、共同体の自治機能もおのずと形成され、用水の持続的な維持管理は村・集落共同体の自治機能も高められたと思われる。平坦地の水田農業地帯での水利規制は当然ではあるが、畑作地帯が多い群馬県では農民は少ない水田面積を比較的平等に分割して貴重な水田の維持管理・水利規制を厳格に行っていた。そして村・集落共同体の自治的機能は、領主・支配層側からすれば農村支配の機構の末端として利用価値があるが、理不尽で過酷な徴税や支配には抵抗勢力の基盤にもなり得ることが考えられる。真田氏の藩政改革としての用水開削・新田開発の取り組みとその後の改易には、近世の村・集落共同体の形成と確立が背景にあると考える。

「まえがき」でも触れたが、この地域は三国山脈に隔てられているが、全国一のブランド米産地の新潟県魚沼産「コシヒカリ」の産地と接した自然環境地域にあり、昔から自称「美味しいお米の産地」として知られていて、かつては新潟方面の米流通業者から多く買い付けが行われていたと聞く。今日では、川場村の先進的取り組みなどにより「雪ほたか」の良食味米が証明され、新潟県に隣接する群馬県北部の米は、新潟県魚沼産の米と遜色ないと高い評価にある。

しかし、このような良食味米が評価される時代は米余りの昭和四十年代中期以降の話であり、日本の農業の歴史をたどれば、高度成長期以前の時代は、常に米の量的不足の時代・歴史であった。北毛の利根・吾妻産の米の多くが、真田氏由来の用水活用の成果であることを知る人はいまだ少なく、このことを新たにストーリーとして加えることで、歴史的・文化的な付加価値を高めることができる。また、みなかみ町では、大峰山（おおみねさん）麓にある上越新幹線駅近くの沢入（さわいり）集落にあるホタルの里や新治地区の泰寧寺（たいねいじ）近くのホタルの里は、良食味米生産の水田に加え、豊かな自然環境を守る「真田用水の里」として広く県内外の人々に語り伝えられることを願う。

［参考文献］

丑木幸男『礫茂左衛門一揆の研究』文献出版、一九九二年

丑木幸男「真田信利と石高制」『群馬文化』第三二〇号、二〇一四年
後閑祐次『磔茂左衛門―沼田藩騒動―』人物往来社、一九六六年
金子昌宏『江戸時代沼田の庶民の暮らし』上毛新聞社、二〇〇八年
渋谷浩『真田氏と郷土』名胡桃城址保存会、二〇〇五年
『沼田市史』沼田市史編さん委員会、二〇〇一年
『月夜野町史』月夜野町史編さん委員会、一九八六年
『川場村誌』川場村誌編纂委員会、二〇一九年
師久夫『四ヶ村堰概要―師区水理員の調査記録』二〇〇六年
『みなかみ町月夜野上組地域の歴史・史跡ガイド』みなかみ町月夜野地区まちづくり協議会、二〇一七年
『間歩堰用水誌』間歩堰用水誌編集委員会、一九九三年
原田信男『米を選んだ日本の歴史』文春新書、二〇〇六年
田中修『食と農とスローフード』筑波書房、二〇一一年

第二章　各用水の概況

一、白沢用水と滝坂川（城堀川）

沼田台地に最初に引かれた白沢用水は、天文元年（一五三二）沼田領主十二代沼田顕泰により台地上に倉内（蔵内）城を築城する際に飲用・生活用水の確保のため、享禄三年（一五三〇）白沢川上流高平村松ヶ久保から取水し、倉内城まで一五・五㎞の距離に用水が引かれた。このことが沼田台地に城下町や集落が開かれる発展の基礎となった。

川場用水は、沼田が真田領になり城下周辺の生活者の増加に伴い飲用・生活用水の拡充が必要とされ、大坂の陣終了後に初代藩主真田信之により計画され、二代信吉の時代に白沢用水を補給する目的で開削された。

沼田氏や真田氏により開削された白沢・川場用水は、横塚で合流し町内（現市街地）に入ると親しみを込めて、「滝坂川（城堀川）」と呼ばれ、沼田城と城下の人々に「命の水・生活水」として張り巡らされた用水網により供給された。

沼田台地の用水については、沼田平用水についても触れておく必要がある。第二次大戦

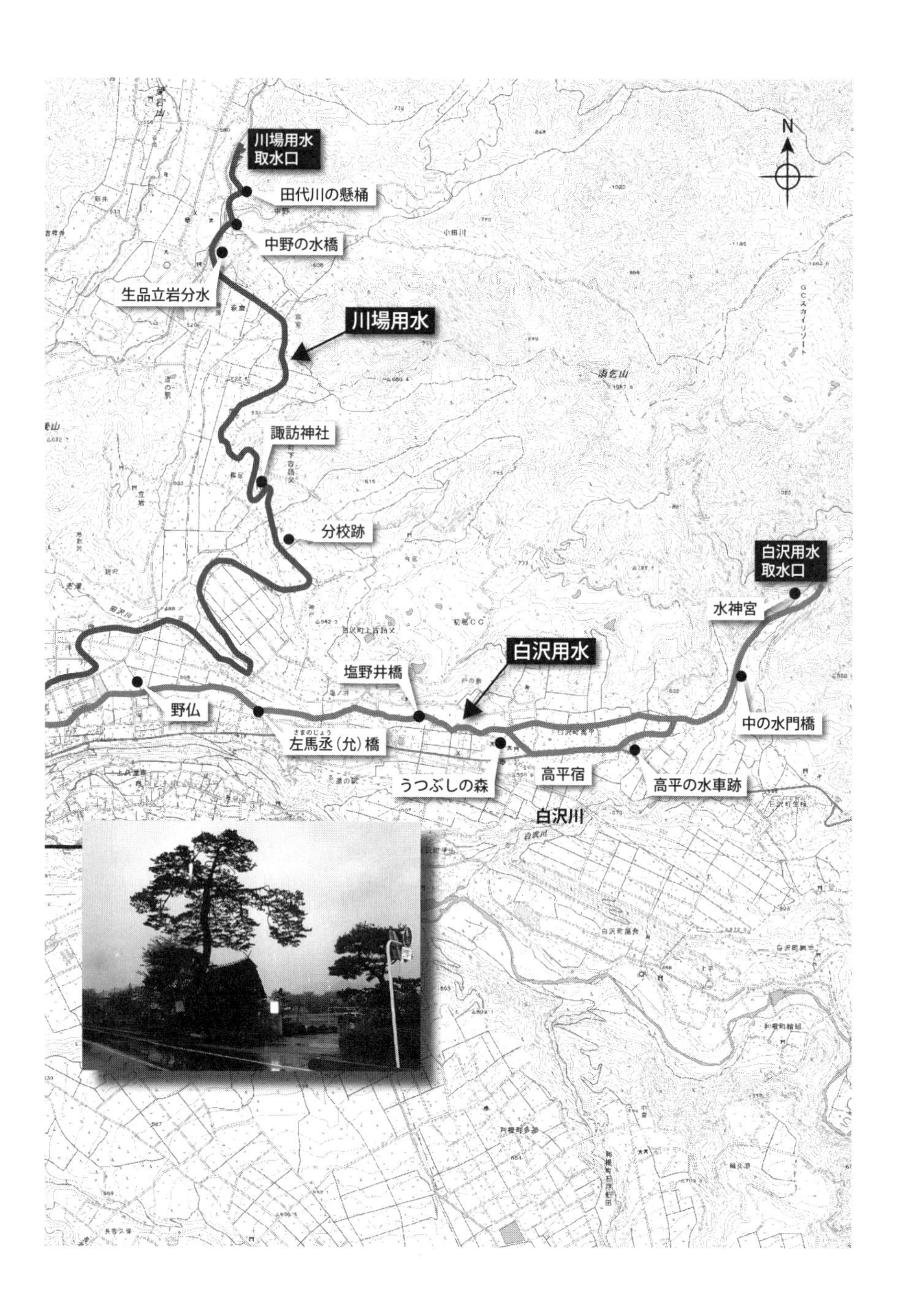
川場用水
取水口
田代川の懸樋
中野の水橋
生品立岩分水
川場用水
諏訪神社
分校跡
白沢用水
取水口
水神宮
白沢用水
塩野井橋
野仏
中の水門橋
さまのじょう
左馬丞(允)橋
うつぶしの森
高平宿
高平の水車跡
白沢川
N

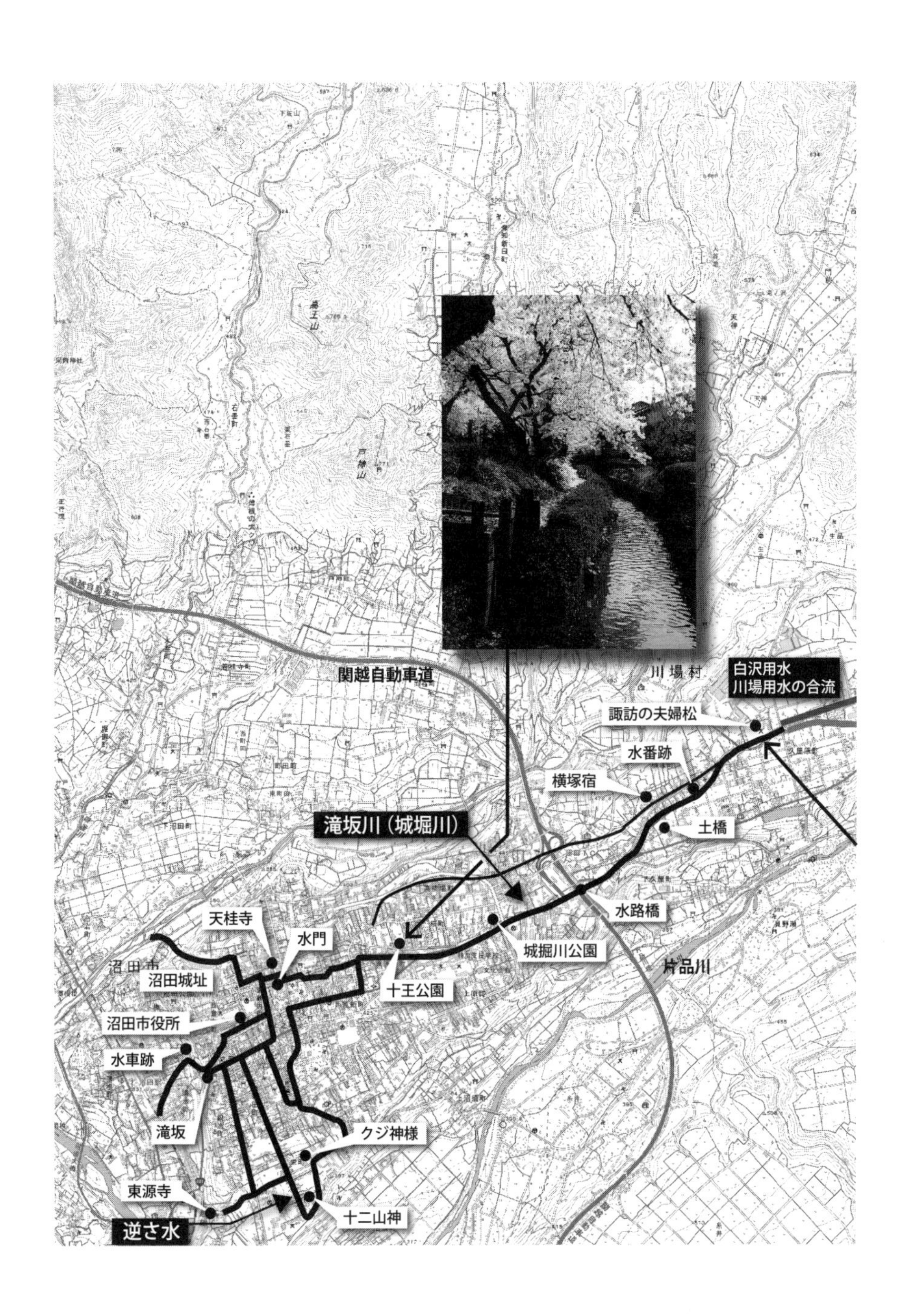
関越自動車道
川場村
白沢用水
川場用水の合流
諏訪の夫婦松
水番跡
横塚宿
土橋
滝坂川（城堀川）
水路橋
城堀川公園
片品川
天桂寺
水門
十王公園
沼田市
沼田城址
沼田市役所
水車跡
滝坂
クジ神様
東源寺
十二山神
逆さ水

後の昭和二十八年、沼田台地の人口増加・用水不足（農業・生活）を解消するため、旧利根村高戸谷（現沼田市利根町園原ダム上流）から取水する沼田平用水事業が採択され、上古語父・生枝・高平に貯水池を設け同三十九年に完成した。これに伴う土地改良整備の実施により沼田台地の干ばつに対応して畑地灌漑施設が整備されたほか、水田補給水や水道水への供給も確保され、沼田台地の用水問題はほぼ完全に解決されたといってよいだろう。

現在、沼田平用水は、白沢用水・滝坂川（城堀川）と平行して沼田台地を流れている。

二、沼須用水（信之・信政）＊口絵参照

沼須用水は、片品川・蛤瀬の岩盤をくり抜き隧道と水門を設けてあるが、現在の取水口はこれより約五〇〇m上流（標高三二三・九m）にある。水門から隧道（約二〇〇m）を経て開渠で沼須集落を東から西に流れる三㎞ほどの用水である。途中集落中央沼須宿（標高三一七・八m）の南北道路沿いに、用水は南から北へ（逆さ用水）流れ、道路を横断し途中から北から南へ、さらに西へ流れ集落西の田（末端の標高三〇六m）を潤す。一部湧水も補充し利用され水田面積は二五・七㏊である。岩盤をくり抜いた取水口と隧道が注目されるが、用水の途中はなだらかで難所は見当たらない。

沼須集落は、真田氏二代信吉が大坂の陣後に帰陣し、元和二年（一六一六）に沼須新田

や坊新田を地割し、これを祝い歌舞伎を呼び寄せたといわれ、沼須用水開削についてもほぼ同時期とされる。慶安四年（一六五一）に四代信政により城下南の玄関口として沼須宿が正式に開宿された。沼須宿の北端に砥石（といし）神社があり、ここを起点に南北に広い道路があり、参勤交代や出陣の際の馬揃いが行われたという。

三、川場用水（信吉）＊口絵参照

川場用水は全長約九・四二㎞で、現在の水田受益面積は約八〇haである。川場村大字谷地（やち）（字黒岩）の薄根川から取水し、中野の田代川と平石川の二つの沢を箱橋で渡り、中野集落中央の道路を地下で横断後に最初の分水口（生品宿）がある。さらに萩室集落に入り田沢川架樋を経て諏訪神社前を通過し、下古語父・上古語父地内を経て原田を通り、沼田市横塚で白沢用水に合流、下流は戸鹿野（とがのや）谷新町へも分流している。谷地字黒岩の取水口（標高五八五ｍ）と白沢用水との合流点・横塚りんご橋近辺（標高四七六ｍ）との標高差は一〇九ｍあり、用水は山間地を通り四つの沢を箱樋（はこどい）（現コンクリート製箱橋やパイプ）で渡り、上古語父付近からは山裾に沿い湾曲し勾配はかなり緩やかである。

用水開削は初代藩主真田信之により計画されたが、信之が上田に戻ったため、元和六年（一六二〇）に二代藩主信吉の命令で清水与左衛門により着工され、八年を費やして寛永五年（一六二八）に完成した。用水の活用は、白沢用水の補給水として沼田城下の飲用水や生活用水の補給のほか、農業用水や水車など多目的であった。また、城下の飲用・生活用水を目的とすることから当時は管理役人が置かれ厳しい管理が行われていたことがうかがわれ、現在も管理団体は沼田市である。

元禄九年（一六九六）の記録では中野、生品、萩室、上・下古語父、原田などの六カ村三六の分水口があり、水田受益面積は合計約四七・三町歩（ha）ほどであった。その特徴は、四つの沢を渡り、中・下流域はできるだけ勾配を緩くして山裾に沿って等高線上に用水を流し沼田台地の白沢用水に接続している。技術的には、夜松明や提灯を並べて水平を測る測量技術や取水口の岩盤を掘削する技術が必要とされたが、この技術が後に多くの真田用水開削の技術的基礎となった。

四、四ヶ村用水（信政）＊口絵参照

四ヶ村用水は利根川本流・みなかみ町上牧（かみもく）（奈女沢（なめざわ））から取水し、上牧、下牧（しももく）、後閑（ごかん）、師（もろ）の四地区を潤す。用水全長は距離約一三㎞、受益面積一五〇町歩と領内で最大規模である。現在も奈女沢をはじめ主なもので一三の沢を水路橋（昔箱樋、現在コンクリート橋）やパイプ・トンネルで渡り、放水口八、分水口一六（内兼用四）により水量調整を行い、その勾配は一三㎞で標高差一七・六ｍと極めて緩やかであり、当時の測量技術では相当高度で難しい工事であったと思われる。

四代藩主真田信政は、「真田の八宿」、「信政の七用水」などとしてその名称が今日まで残り、一説に「開発狂」といわれるほど多くの用水開削や新田開発・宿割を行った。四ヶ村用水（「四ヶ村組合堰」・村連合）は、その最も代表的なもので、流量が激しく変化する利根川本流からの難しい取水であり、それまでの真田用水技術を総結集した取り組みであった。普請奉行増田嘉四郎により慶安三年（一六五〇）に着工され、承応元年（一六五二）竣工と比較的短期間に完成された。

激しく変わる山岳気象の影響を受け、水位の一定しない利根川本流から取水する困難は、現在でもいえることである。また、夜松明や提灯を並べてかざし対岸から測量したとされ、全体の標高差（取水口と用水末端）は一七・六ｍと少なく、一三㎞も用水を引いたことは驚嘆に値する。しかし、水平に近い勾配は、水位の変化が著しい利根川からの取水では自然に充分な用水の確保が困難な場合があり、若者による粗朶（そだ）引き（渋谷報告）が行われた記録も残る。また開削後も、何度も台風・洪水に見舞われ甚大な被害に遭うもその都度、村人や藩（村連合・組合堰）の多大な出役・負担により修復・維持されてきた記録が残る。現在でも維持管理の大変さは、地区の水管理員の記録などからもよく知ることができる。

五　大清水用水と溜池群（信政）

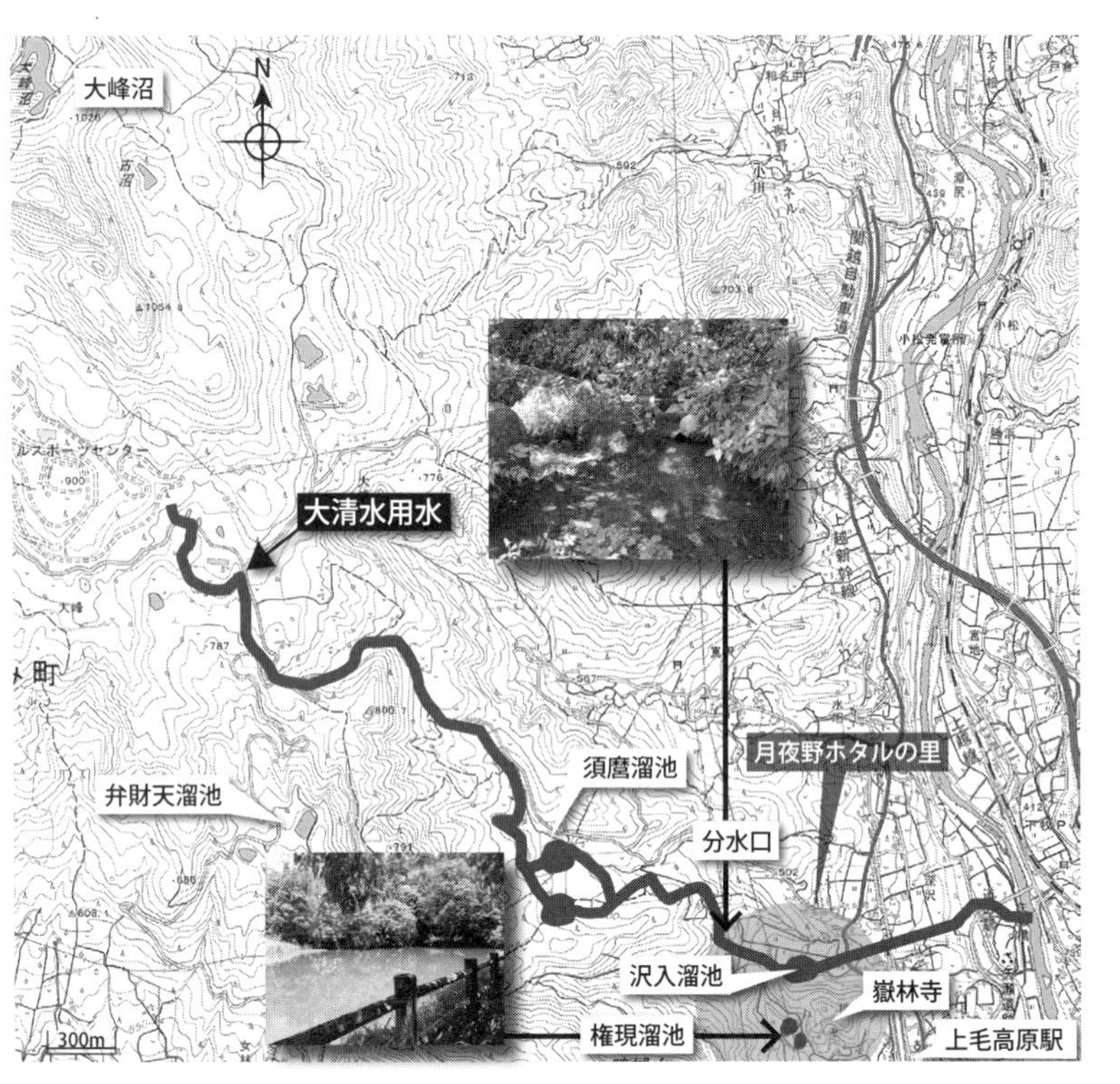

信政の時代、大清水用水は大峰山の湧水を分水口で厳密に管理して羽場（旧新治村）と上組地区（旧月夜野町）に等分し、深沢・沢入の分水口を経て溜池（須磨溜池、沢入溜池、権現溜池）に分け引き、地域の飲用・生活用水、農業用水として活用した。また、大峰沼を水源とする大峰用水も信政の時代に整備されたと思われる。

近年、上越新幹線上毛高原駅西の嶽林寺（がくりんじ）や溜池（沢入溜池・権現溜池）を巡る散策コースが開かれ、溜池・水田周辺はホタルの里として県内外の人々に楽しまれている。同駅近くには、伊賀守信利が幼少期を過ごした小川城址や矢瀬遺跡もある。

六、間歩用水（信政）

間歩(まぶ)用水は、吾妻地域の代表的用水で、全長四㎞、受益面積三〇町歩（ha）、名久田川沿い矢場近くに取水口（昔は赤坂川から取水）を設けて取水している。大正元年（一九一二）に吾妻温泉馬車軌道会社の発電事業参入のため名久田川に取水口を変更した。記録では、赤坂川を渡り切貫岩（間歩）といわれる岩を削った横穴を一六カ所通し掛樋を設けて通水し、横尾村・七日市で桃瀬川（現在堰で調整）を横断し、伊勢町を経て伊勢町南部の水田を潤すとある。平成元年頃（昭和六三年〜平成三年）の用水改修事業で、全面的に用水のコンクリート化が図られた。

真田信政時代、間歩用水は伊勢町の庄屋青柳源右衛門が、沼田藩に生活用水と水田用水を願い出て許可され、藩の援助で承応三年（一六五四）に着工され、明暦二年（一六五六）に完成したとされる。費用は、用材は沼田藩が利根郡の藤原村から下げ渡し、石切道具も人足の扶持米も藩が出費したという。伊勢町は、この用水が引かれる以前は吾妻川の河岸段丘の下にあったといわれ、青柳源右衛門らは市の開設や町の発展を期するため、間歩用水を引いたとされている。

間歩用水は、開発狂といわれた「信政の七用水」の一つといわれている。

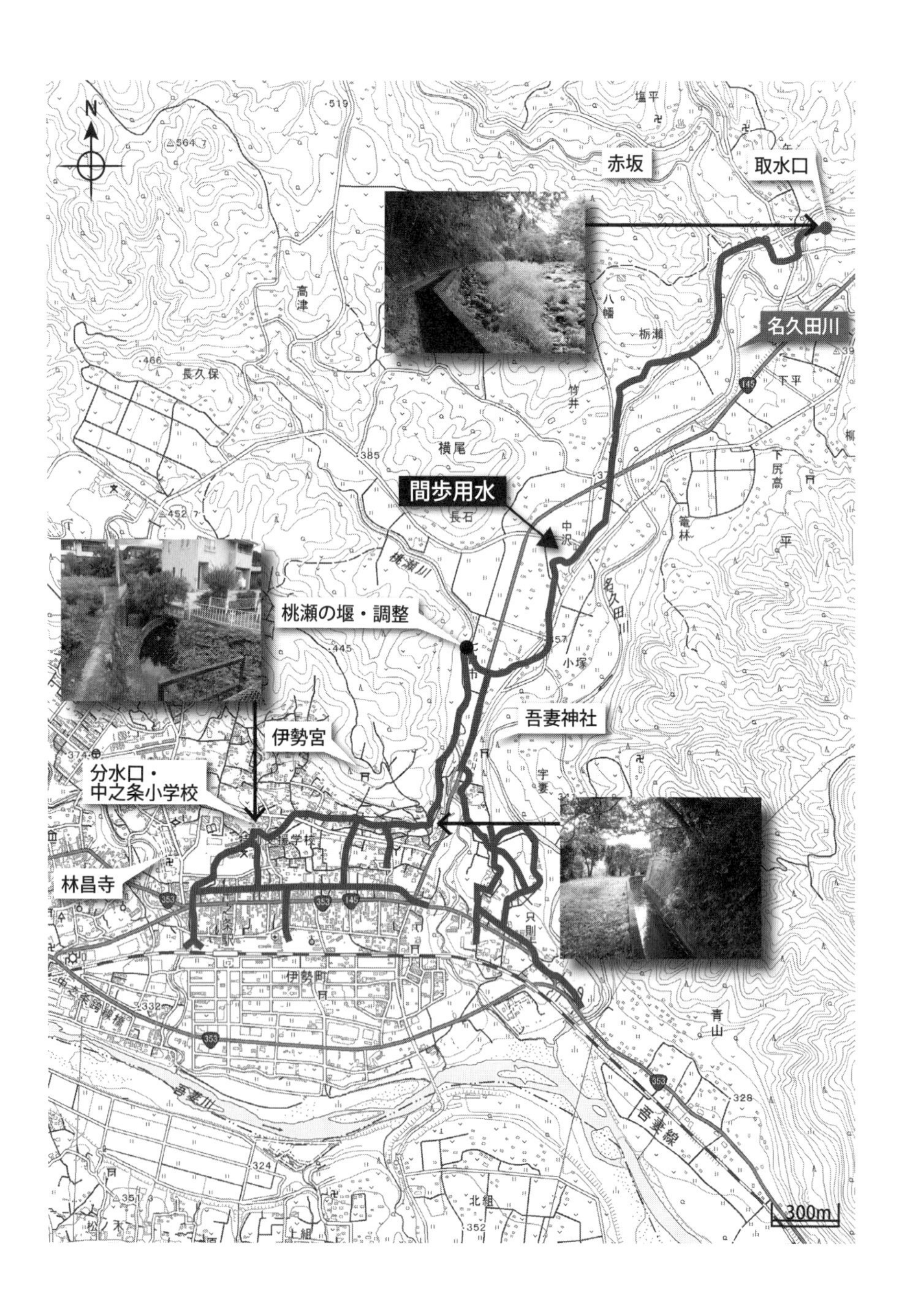
赤坂
取水口
名久田川
間歩用水
桃瀬の堰・調整
吾妻神社
伊勢宮
分水口・
中之条小学校
林昌寺
300m

七、三字用水（信利）

三字（みあざ）用水は、別名「阿難（あなん）坂堰＝女坂堰」ともいう。三字とは、岡谷、戸神、町田の三字のことをいう。三字用水の現在の受益面積は一〇二・四haで、総延長は一三・五七kmである。発知（ほっち）川から中発知の発知神社東で取水し、池田中学校西を通り、池田神社前で南に折れて、下発知西方の山沿いを流れて女坂へ、女坂峠（峠には女坂堰の記念碑あり）を越える（現在は切り通しで県道あり、道路西側に用水）と三字への分水口があり、取水口からこの分水口まで三・三六kmである。

一方は岡谷用水として岡谷集落へ通じ集落の農業・生活用水を満たし、全長は二・六一kmである。岡谷宿（真田八宿の一つ）では、大雲寺南の道路（東西）の北側（昔は道路の中央）を通り薄根川へ。他方は戸神用水として戸神集落の生活・水田を潤し、さらに町田集落を潤し四釜川へ合流する。この全長は四・五七kmである。そしてこの二用水の中間に戸神・岡谷集落を潤し、岡谷用水に合流する分水口から三・〇三kmの距離をもつ用水がある。

信利の時代に藩から家臣上野治右衛門が派遣され、寛文元年（一六六一）九月に着工し翌二年六月に完成した。女坂峠にある記念碑には、「発知川より中発知にて取水し発知新田村及び下発知村の西山沿いを通り岡野谷村戸神村及び町田村の三ケ村の田地三五町歩余の灌漑と飲料水として開設され延長二千百間（三八一八ｍ）の用水で、用水開削の折は女坂（阿難坂）にトンネルを掘り、そのため縦坑、深掘をして難工事を乗りきった」とある。

八、奈良用水（信利）

奈良用水は、全長三・九六㎞（二二〇〇間）で、受益面積は一六・二haであり、発知新田町の池田小学校・龍淵寺東から取水し、字蘭を経て「お林」を抜け大倉川を箱橋（現ヒューム管）で横断、奈良地区へ通水し生活・農業用水とした。用水開削は、三字用水と同時期といわれている。

N
発知神社東・取水口
三字用水（女坂用水）
池田小学校東
用水堰・取水口
池田神社
池田中学校
発知新田町
奈良用水
奈良町 蘭
下発知町
大倉川横断
女坂堰記念碑
三字用水分水口
発知川
戸神町
奈良町
大雲寺
岡谷宿
町田町
発知川・
薄根川合流点
薄根川
300m

九、押野用水（信利）　＊口絵参照

押野用水は全長約四㎞、雨見山中の押野沢（標高六九八・五ｍ）で取水し、高畠山中腹を通り不動滝へ（取水口から二・五四㎞地点、標高六八〇・三ｍ、ここまで勾配百分の一以下）、岩盤を利用した不動滝（落差約四〇ｍ）で用水を落下させ、滝下（標高約六四〇ｍ）から泉山麓を緩やかに回り込み、分水口（西峯須川）、東峰須川・分水口を経て泰寧寺の山門下（標高五八〇ｍ）を通り、寺沢や白狐沢に合流し須川平の水田を潤す。現在の受益面積は四二haである。昔は沢を箱樋で渡り須川宿の飲用・生活用水に使用されていた。

押野用水は、五代藩主真田伊賀守信利時代に開削されたもので、寛文三年（一六六三）八月着工、翌年五月末工事が完了したといわれ、岩盤を利用した不動滝は山間地の地形を巧みに利用した用水である。安永四年（一七七五）の受益面積は西峯、東峰、須川の三村合わせて分水口一九、水田面積三五・六町歩（ha）であった。

泰寧寺内には押野堰をたたえる紀功碑があり、初夏には泰寧寺近くの小川や水田のホタルが楽しめる。須川宿の南端に「道の駅」があり、用水は宿中央の南北道路の東端を（昔は道中央）流れている。現在須川水田の一部（受益面積一一〇・八ha）は、昭和三十五年完成の赤谷川沿岸用水から給水されている。

II　沼田藩真田氏の用水群の開削

第一章　三万石から一四万石へのからくり

―沼田藩真田氏の地域政策―

はじめに

沼田藩真田氏は真田昌幸の子ども信之が天正十八年（一五九〇）に初代沼田藩主となったのが始まりである。慶長五年（一六〇〇）の関ヶ原の戦いの功績により信之は本領六万五〇〇〇石に三万石を加増されて、上州沼田と信州上田一一万五〇〇〇石を宛行（あてが）われた。弟信繁は大坂の陣で豊臣秀頼に味方して戦い、元和元年（一六一五）に死去したが、信之は徳川武将として子ども信吉、信政を従軍させた。沼田藩主として二六年間支配し、元和二年（一六一六）に信之は上田に入り、さらに六年後の同八年（一六二二）に一三万石に加増されて、上田から松代へ転封になった。

二代目藩主は信之嫡子の真田信吉で、元和二年（一六一六）から寛永十一年（一六三四）に死去するまで一八年間沼田藩主であった。

三代目は信吉嫡子の熊之助が五歳で襲封したが、三年間藩主をつとめただけで寛永十五年（一六三八）に七歳で死去した。

四代目は信吉弟の信政がなり、寛永十六年（一六三九）から明暦二年（一六五六）まで一七年間沼田藩を支配し、同年に松代藩主となった。明暦四年（一六五八）に信政が死去すると、信吉の子どもの信利と信政嫡子のまだ二歳の幸道とで後継者争いが起こり、信之の意向で幸道に決定し、同年に信之が九三歳で死去した。

五代目沼田藩主は信吉の子どもで熊之助弟の信利が継ぎ、明暦二年（一六五六）から天和元年（一六八一）まで、二五年間支配したが、同年に改易処分を受け、沼田真田氏は滅亡した。真田氏が沼田藩を支配したのは天正十八年（一五九〇）から天和元年（一六八一）までの通算九一年間であった。

一、三万石から一四万石余へ

江戸時代は石高制の時代であるが、沼田藩の石高は時期によりずいぶん異なった。信利の時代に三万石から一四万石余に跳ね上がったことが著名であるが、そのからくりを考えてみたい。

文禄三年（一五九四）に真田昌幸は上田領の石高表示の村高帳・郡高帳を作成したが、合計すると五万石になり、二万〇二四二貫文ともある。二・四七石＝一貫文で換算して計算上で五万石を算出したのである。

慶長三年（一五九八）「大名帳」(1)によると、

真田安房守○上田城主　三万八〇〇〇石

真田源三郎○沼田城主　二万七〇〇〇石

とあり、上田、沼田でともに石高制が成立していたようにみえるが、真田氏は石高制の検地を実施していなかった。貫高制の検地は実施し、貫高で年貢を徴収し、家臣への知行を宛行っていた。「大名帳」の石高の数値は豊臣秀吉が採用している石高制に適合させるべく、上田領は一万五三八四貫文、沼田領は一万〇九三〇貫文を、一貫文＝二石四斗七升で貫高を石高に換算してはじきだしたものである。

元和八年（一六二二）に真田信之が上田から松代へ転封されて、一三万石を与えられ、そのうち三万石を沼田藩主信吉へ分与したが、一万二二四五貫文を換算した石高であった。「信濃国小県郡上田領並河中島残物共石高帳」には村ごとに貫高・石高が記載されており、貫高から換算して石高を算出していた(2)。上田は貫高による検地が行われただけで、幕末まで石高制による検地は実施されず、擬制的石高制を適用していたのである。

慶長六年八月二日に真田信之が小県郡東上田で横山久兵衛らに次のように知行を宛行ったが、貫高によるものであった(3)。

高百六拾弐貫四百四拾文　東上田

此渡方（中略）

慶長六年丑八月二日

矢　忠兵衛（三人略）

横山久兵衛殿

小池助兵衛殿

横山惣八郎

小玉彦助殿

元和八年に真田氏が入封した松代藩では、慶長七年（一六〇二）に森忠政が石高制によ
る検地を厳しく実施しており、真田氏は信濃国では石高制による検地を実施しなかった。
松代転封の翌年の元和九年に真田信之が家臣へ知行を次のように石高で宛行った(4)。

御知行渡ノ村付之覚

一五百四拾五石四斗四升　酉ノ免相四ツ八分　徳間村

一三百五拾七石四斗八合　酉ニ四ツ仁分　山中平林村

一三拾石壱斗五升仁合　酉ニ四ツ仁分　上野村之内

高合九百三拾三石　酉之免相ならして四ツ五分四リン、籾千六百九拾四表壱斗六升四合

此内

千三百六表壱斗之所五分之籾

引残而

三百八拾八表六升四合　越籾

右之通向後茂三ツ五分ニ相定候、当御知行之越籾者四拾表三斗四升四合可有之上候、但

山河竹之義者除候、仍如件

亥之極月廿四日

矢沢但馬守印

池田長門守

大熊靭負殿

沼田藩ではどうであったのだろうか。元和八年二月に真田信吉が吾妻で家臣栃原十郎左衛門へ知行を次のように永高で宛行った。

吾妻知行之替与、永楽弐貫七百仁文出置者也

木村帯刀

松沢五左衛門　奉之

戌二月廿三日　印（真田信吉）(5)

しかし、次のような石高と貫高とを記載した知行宛行状が各地にある。寛永十八年（一六四一）に利根郡後閑村では村高を二五四石としたが、田一反を一石、畑二反を一石に換算したとあり(6)、耕地面積を確定する検地を実施し、簡便な方法で石高を算出したのである。

覚

一永拾貫四百文　　高百三拾石分

此内

四貫六百文　　　　　　　　師善正寺村之内
内壱貫百仁拾四文　　　計方
三貫五百文　　　　　　下河場村之内
内壱貫四百七拾三文　計方
弐貫四百文　　　　　　戸鹿野村之内
　永合拾貫四百文
　　内仁貫六百文　　　計方四ケ一
明暦三年酉十月廿五日
　　　　　　　　　　　　　　　　　　　　　　　青柳六郎兵衛㊞
　　　　　　　　　　　　　　　　　　　　　　　舟田吉左衛門㊞
　佐藤軍兵衛殿(7)

明暦三年（一六五七）に真田氏の家臣佐藤軍兵衛に一三〇石の知行を与えた覚であるが、一貫文＝一二石五斗で永高一〇貫四〇〇文を石高で換算したのである。上田では貫高一貫文＝二石四斗七升であり、沼田では永高一貫文＝貫高五貫文と貫高の五倍に換算していたので、沼田の永高一貫文は上田の貫高五倍の一二石五斗としたのであろう。

それ以外の同様な知行宛行状を紹介しよう。

万治二年（一六五九）八月二日に安辺彦太郎にあてた知行宛行状では、

覚

一永拾六貫文　高弐百石分
　内四貫文　計方
　　内
弐貫文　計方　上牧村之内
六貫文　　　　川上村之内
八貫文　　　　上河場村之内
　内弐貫文　計方
永合拾六貫文
　内四貫文　計方　四箇壱

とある(8)。一貫文一二石五斗の換算で知行地を宛行い、四分の一、即ち二五％の年貢収納を認めた。
寛文元年（一六六一）九月二一日の佐藤軍兵衛宛知行状では(9)
一永四貫文　高五拾石加増分
　内
三貫文　銭方　奈良村之内
壱貫文　計方　御蔵出し
　〆四貫文
内　壱貫文　計方

と、同じ換算率で知行を宛行い、三貫文は知行地を与え、一貫文は藩蔵から支給した。

寛文八年（一六六八）十二月九日の同じく佐藤軍兵衛宛では(10)

取米蔵出高百八拾石之事　直三五分物成充行之訖、全可令収納者也

と貫高の記載はなくなり、知行地ではなく宛行高の三五％を藩蔵から支給した。

寛文一三年（一六七三）六月一三日の佐藤軍兵衛宛行状では、

高百石之事　以三五分物成宛行之訖、全可令収納者也

とあり、宛行地の個所付けはなく百石を宛行い、そのうちの三五％を年貢として収納することを認めた(11)。

貫高が消えた理由は直前に石高制による領内総検地が実施されたことにある。

寛文四年（一六六四）四月五日に第四代将軍徳川家綱が真田伊賀守に対して三万石の知行を宛行った。利根郡一万八二二三・九石、吾妻郡一万一七一六石余である。将軍から正式に与えられた知行の表高であり、主君である将軍と家臣である真田氏とが封建社会の原則である御恩と奉公の関係を石高を基準として結んだのである。この石高に基づいて幕府の御用をつとめることになる。

しかし、寛文二、三年（一六六二、三）に真田氏は沼田領内総検地を実施し、合計一四万四二二六・四一七石に打ち出した。表高三万石の四・八倍になる。利根郡後閑村では村高三〇五石六斗二升が検地の結果一六九〇石六斗八升六合と五・五倍にはね上がり、さらに新田検地により一七一二石、五・六倍に増加したという。貞享の検地により六三六石六斗

九升一合と寛文検地よりも七九％も村高が減少した。しかし、表方と比較すると八％の増加である(12)。

一四万四二二六石余の内訳は次のとおりであった。

三万石	本田
一〇万五五八六・七九七石	辰年（寛文四年）新田
八四五〇・三六一石	子（同十二年）改ノ新田
七三・一九三石	卯（延宝三年）ノ新田
一〇二・八七三石	巳（同　五年）ノ新田
一三・一九三石	午（同　六年）ノ新田

この石高は幕府へ届け出ず、領内の年貢賦課基準、家臣への知行宛行の基準とした内高である。

沼田藩改易後の貞享三年（一六八六）に、幕府の命令によって前橋藩が実施した検地により、六万五五二八石と石高は半減したが、これは幕府に届け出て幕府はこの石高によって大名へ知行を宛行い、御用を命ずる基準の表高とした。内高と比較すると半減するが、表高では二倍以上に増額したのである。

二、石高制

戦国時代までは領地や村高を貨幣である銭を単位とする貫高で示していた。そのときの貫高は、不作などの引き高を除いた年貢額であった。

それに対して石高は玄米で換算した土地生産力であり、よくいわれる五公五民は生産高である石高の五割を年貢として徴収した。その石高は検地で確定した。

しかし、石高の実態は複雑である。沼田藩三万石、加賀百万石などのように主君の将軍から家臣の大名への知行宛行（あてがい）に使われ、その石高に応じて大名は軍役、江戸城建設、河川改修などの御用を負担する基準となった。

また、石高は家格基準ともなった。たとえば、御三家の石高は尾張徳川を創設した家康九男の徳川義直に六二万石、紀伊徳川は同十男の徳川頼宣に五六万石、水戸徳川は同十一男の徳川頼房に三五万石であるが、検地で確定した数値ではなく、長幼の序を明確にする家格を示すに過ぎなかった(13)。

大名と領民との関係では年貢賦課基準になった。上田藩では幕末まで実施していたように年貢は貫高を基準に賦課していた。しかし、石高制の検地を実施する以前に上田(三万八千石）でも沼田（二万七千石）でも領地は石高で表示していた。

沼田藩では寛文二年（一六六二）以後の検地で石高を一四万石余とふやした。

将軍から与えられた知行である表高は三万石であり、それに応じた軍役・課役を負担した。大名から家臣へ宛行う知行と、領民に年貢を課す基準は内高（一四万石余）という、二重の石高制を沼田藩は採用していたのである。

検地を施行するには、強大な領主権力が不可欠であり、真田信利が近世大名として成長したことを示しており、石高制を導入した領内支配の側面でも、家臣を統制する藩政改革を、真田信之の指示支援なしでやりとげたことから、松代藩から自立できたといえる。

表高三万石から内高一四万石余を打ち出した検地のからくりを検討しよう。

①田畑等級の引き上げ

上田・中田・下田・下々田・上畑・中畑・下畑・下々畑・原地・山地・屋敷と格付けをするが、後の貞享検地と比較すると寛文検地では上位に格付けをした事例が多い。

②石盛の引き上げ

田畑の石高算定基準となる平均収穫高である石盛を高く設定している。上田一五、中田一三、下田一一、下々田九、上畑一二、中畑　一〇、下畑八、下々畑六、屋敷一二である。

③新田開発の成果を検地により把握

隠し田畑を摘発し、近世初期に開発した新田畑を年貢対象地に組み入れた。

④強引な耕地面積の打ち出し

一筆が一町歩以上もある広い田畑を登録し、伝承によると畦畔や巨石を除外しないで検地をして名請け高を増加したという。広い耕地は焼畑でもあろうか。

逆に一筆が一歩などの狭い田畑を登録しており、山際の切り添え新田なども見逃すことなく検地帳に登録したようだ(14)。

その結果、生産力を反映しない過重な検地になった。

過重な打ち出しの検地を実施した要因として、松代藩一〇万石を上まわる藩高にしようという意図が指摘され、家格を示すという石高の機能が想起される。信之↓(長男)信吉↓信利と続く沼田真田氏が本家筋にあたるという意識があったようだ。

検地後の年貢徴収方法は、年貢割付状によって解明できるが、寛文四年(一六六四)は石高の何割を年貢額として徴収する厘取法を採用しており、石高に比例して年貢の増減が容易にできる方法であった。しかし、この方法は一年で廃止した。年貢を石高に応じて増額できるシステムではあるが、石高は生産力を反映していないために、増額されれば納税者が困窮して生活できず、再生産が不可能になってしまうことが危惧されたのである。

翌年から上田、上畑、屋敷地など地種ごとに年貢額を決定する反取法に変更した。石高と年貢額は照応しないため、多く打ち出した石高ほどには年貢増額に直結しない現実的な方法に落ち着いたのである。石高は三倍以上になったが、年貢額はそこまでは増額できなかった。厘取法は上方に、反取法は関東に多い年貢徴収方法である。

真田氏改易後、幕府の命令によって前橋藩が実施した貞享検地により、六万五五二八石になり、表高三万石の二倍以上になった。

寛文検地と比較すると、田畑等級は上田・中田・下田・下々田・上畑・中畑・下畑・下々畑・

原地・屋敷に区分され、山地という設定がなくなり、年貢地対象外の荒田畑が設けられた。石盛は上田一二、中田一〇、下田九、下々田七、上畑一〇、中畑八、下畑六、下々畑四、屋敷一〇と二、三割低く設定された。

具体的に寛文検地帳と貞享検地帳とが保存されている村で比較してみよう。

利根郡下久屋村は検地帳面積は寛文検地では七一・三町歩から貞享検地では五八・四八四町歩と一九・四％減、分米は七〇三・一六三石から三三一・八八四石と五二・二％減、利根郡高戸谷村では検地帳面積は三七・八町から二五・二三町と、三三・三％減、分米は三六一三石から一九三石と、九四・七％減、吾妻郡中之条町では検地帳面積は一二五・七三町から一〇五・六八町と、一五・九％減、分米は一〇五四石から七一一石と、三二・五％減であり、いずれも大幅に減額しており、面積よりも石高の減少率が大きく、寛文検地の三万石から一四万石へ過酷に打ち出したからくりは石盛の操作の影響が大きかったといえる。

貞享検地の結果が明治初年まで表高として通用し、知行宛行基準と年貢賦課基準の両方に適用され、沼田領で石高制が確立したのである。

三、沼田藩の地域政策

三万石から一四万石余に増加したからくりは石盛操作などにあったが、生産力が向上したことも事実である。特に新田の開発と用水堀の築造とは「両時代を通じて著しき現象なり」といわれるほど、真田信政、真田信利が開発に熱心であった(15)。真田氏が開発したといわれる用水路は多数あるが、主なものをあげると次のとおりである(16)。

年代	用水名	所在地	藩主
慶長六年（一六〇一）	用水	新巻	信之
慶長年間	木根田用水		信之
慶長年間	吉平田用水堰	吉平	信之
元和九年（一六二三）	川場用水	谷地黒岩	信吉
（寛永以前カ）	大津用水	大津	信吉
寛永年間	岩竹用水	奈女沢	信吉
寛永二年（一六二五）	中之条堰	中之条	信吉
承応元年（一六五二）	四カ村用水	上牧他	信政
承応二年（一六五三）	政所用水	政所	信政
承応年間	淵尻堰	石倉	信政
承応年間	間歩堰	間歩	信政

（承応年間カ）	須川堰（押野堰）	須川	信政
明暦年間	雁ケ沢用水	岩下	信政
明暦年間	道木前田用水		信政
寛文二年（一六六二）	岡谷用水	岡谷	信利
寛文年間	曲田池	下津村	真田氏開削
寛文年間	池の久保池	下津村	真田氏開削(17)
（以下年代不明、信利代）			
栗生沢川（小仁田）用水		むや沢（川上）	むや沢（川上等）
赤谷堰	大塚用水	壁谷堰	矢場用水
横尾中堰	忠兵衛堰	横尾上堰	赤坂上堰
赤坂中堰	鳴沢用水	平用水	宇妻用水
折田用水	沼須用水	奈良用水	山根田水路
千年木用水	小泉用水	新巻用水	泉沢用水
真庭堰	岩室堰	女坂堰	柳町用水
原田用水			

正確ではないが、信之の代に一〇件、信吉の代に六件、信政の代に二五件、信利の代に三八件と、信利、信政の代に多く開削されたと伝承している。（本書一七頁表1参照）

この結果、新田畑が増加し、生産力が向上したことは間違いない。

用水開削と並んで真田氏が寺社を造営したという伝承が多い。一次史料によって誰が何年に開設したかを実証することは難しいが、町村ごとに伝承を拾い上げておこう(18)。

利根郡沼田町

正覚寺　真田信之慶長一七年（一六一二）城郭増築に際し移転（郡⑫12）、信之慶長一七年寺領寄進、真田信吉朱印地付与、元和六年（一六二〇）小松姫埋葬霊廟建築、真田信吉元和九年（一六二三）寺領寄進（郡誌後編37,38）、真田信政寛永一六年（一六三九）土地寄進、真田信利明暦三年（一六五七）土地寄進、真田信利寛文八年（一六六八）本堂庫裏霊屋修繕（寺⑩10）、

正覚寺六角堂　真田信之慶長一七年（一六一二）創建（寺⑤11）

大蓮院御霊屋　真田信之元和六年（一六二〇）創建（寺⑤11）

舒林寺　真田信之慶長一七年移築（寺⑤13）、同年真田家菩提所となる（郡誌後編36）、真田信吉寛永七年（一六三〇）寺領寄進（沼資②971）、真田信利寛文八年（一六六八）本堂修復（信叢⑰207）

了源寺　真田氏元和二年（一六一六）移築（社⑬162）

妙光寺鬼子母神堂　真田信吉正保二年（一六四五）建立（社⑬18）

光清寺　真田信利万治三年（一六六〇）移転（後閑70）

玄光院　真田信利万治三年移転（後閑70）

常福寺　真田信利寛文三年（一六六三）移転（後閑70）
三光院　真田信之慶長二年（一五九七）寺領寄進、真田信利寛文四年（一六六四）石灯籠華鬘寄進（縁193、沼資②985）
歓楽院　真田信利寛文六年（一六六六）建立（寺⑤9）
瑞林寺　真田信利延宝二年（一六七四）建立（信叢⑰207、郡誌564）
長寿院　真田信利寛文一二年（一六七二）堂宇再建、除地寄進（寺⑤7）
天桂寺　真田信吉の霊堂石碑あり（郡⑫13）、真田信利移築、信吉霊堂石碑建立（寺⑤14）、真田信利寛文一一年（一六七一）山門建立（後閑71）
金剛院　真田信之元和二年（一六一六）境内地寄進移転（郡⑫13、寺⑤7）
平等寺　真田信吉寛永一一年（一六三四）梵鐘寄進（信叢⑰307）
妙光寺　真田信利妹寛文七年（一六六七）伽藍建立（郡⑫13、寺⑤17）
榛名神社　真田信之元和元年（一六一五）再建、真田信吉寛永一七年（一六四〇）修繕、真田信利明暦四年（一六五八）修復（社⑬159、社⑭131、社㉓8）
須賀神社　真田信之慶長一一年（一六〇六）勧請（西32）、同一七年移転建立、真田信吉寛永年中祭礼創始（社⑬161、社⑭156、社㉓4）
神明宮　真田信之慶長一七年移転（社⑬166、社⑭164、社㉓5）
厳島神社　真田信之慶長年中創立（社⑬171）

戸鹿野村
観音堂　真田氏延宝四年造営（沼別83）
八幡宮　真田信之建立、真田信利万治元年（一六五八）再建（沼別284）

下沼田村
稲荷神社　真田信利万治二年再建（社⑬178、社㉓92）

宇楚井村
正行院　真田氏天正一七年（一五八九）再建（寺⑤93）、真田信利移転（郡⑫87）、
河内神社　真田幸隆開基、真田信政慶安三年（一六五〇）社殿改築（郡誌236、237）

中発知村
迦葉山龍華院　真田氏土地寄進（県史⑫866）、真田信利寛文二年（一六六二）父信吉の御霊屋建立（信叢⑰206）

萩室村
諏訪神社　真田信利延宝二年（一六七四）建立、同三年獅子頭三頭奉納（川310）

門前組

吉祥寺　真田氏寺領安堵（郡誌 235）

立岩村

虚空蔵堂　真田信利再建（寺⑤ 146）

横塚村

愛宕神社　真田信利社殿再建（郡誌 98）

高平村

雲谷寺　真田昌幸中興（白 502）、真田昌幸天正八年（一五八〇）寺領安堵、真田信利明暦三年（一六五七）寺領安堵（郡誌 128）

生枝村

観音寺　真田昌幸土地寄進、真田信之田畑寄進、真田信利明暦三年（一六五七）土地寄進（寺⑤ 32）

追貝村

海蔵寺　真田信利税地とする（寺⑤41）

平川村

不動堂　真田信利金穀寄進、参籠堂建立（寺⑤169）

越本村

音昌寺　真田信之除地寄進、真田信利税地とする（寺⑤52、片480）

土出村

大円寺　真田信利除地寄進（寺⑤57）

師村

三峯山法城院　真田信利明暦四年（一六五八）参詣、仏供料寄付（県史⑫872）

後閑村

熊野神社　真田信之文禄四年（一五九五）再建、真田信利明暦三年（一六五七）社領寄進（郡⑫70）、真田信利再建（社⑬198、社⑮28、社㉓104）

小高諏訪社　真田昌幸天正八年（一五八〇）社領五〇〇文寄進、真田信之同一九年社殿造営、

真田信政慶安二年（一六四九）制札、修繕（社⑬200、社⑭232、社㉓105）、真田信利
明暦三年（一六五七）社領二〇〇文とする（郡⑬70）

八束脛神社　真田信利明暦三年社領寄進（郡⑬70）、寛文七年（一六六七）宮殿造営（縁168、
社⑬201、社⑭31、社㉓105）

上牧村

子持神社　真田信利社殿修繕、聖天宮建立（古馬888）

下牧村

玉泉寺　真田信之慶長二〇年（一六一五）寺領安堵（古馬928）

上津村

大宮八幡宮　真田信之天正一九年（一五九一）再建、真田信之慶長一八年（一六一三）除
地寄進、真田信利承応二年（一六五三）再建（桃新52、桃旧682）

村主八幡宮　真田信之天正一九年再建、慶長一八年除地寄進、真田信利承応二年（一六五三）
再建（桃新53）

下諏訪神社　真田信之天正一九年再建（桃新54）

下津村

小松八幡宮　真田信之天正一九年再建、慶長一八年除地寄進、真田信利承応二年（一六五三）再建（桃新45）

下諏訪神社　真田昌幸天正年間勧請（桃新47）

若宮八幡宮　真田信之天正一九年再建、慶長一八年寺領寄進、真田信利慶安二年（一六四九）再建（桃新55、桃旧680）

小川村

熊野神社　真田信利明暦二年（一六五六）勧請（郡⑬137）、真田信利再建（桃新60）

吾妻谷社　真田信吉寛永年間再建、真田信利再建（桃新59）

冨士浅間神社　真田信之天正一九年再建（桃新58）

菅原神社　真田信利再建（桃新60）

武尊神社　真田信利再建（桃新60）

諏訪神社（二社）　真田信利再建（桃新61）

月夜野町

寿命院　真田信之慶長年間寺領寄進（県史⑫863）、真田信利当町居住の時僧常楽を信じ為に一宇を建立して瑞芳庵と称す、後沼田柳町へ移転し常楽院とす。旧址に光龍庵を移し

寿命院光龍寺とした（郡⑬142）、真田信利祈願所、寛文三年（一六六三）寿命院法立寺と改称（桃新64）
熊野神社　真田信利勧請（郡⑬142、社⑭100、社⑮46、社㉓128）
須賀神社　真田信利地の殷賑のために新巻の市を移し当社を市神となして社を今の地に造建（郡⑬142）、真田信利勧請（社⑭101、社⑮47）、真田信利承応二年（一六五三）本社、神輿建立（桃新39）
愛宕神社　真田信利創立（社⑭102、社⑮47）
我妻谷神社　真田信利創立（社⑭103、社⑮48）、真田信利大峰山から勧請（桃新41）
稲荷神社（二社）　真田信利創立（社⑭104、社⑮48）
八幡宮　真田信利創立（社⑭105、社⑮49）、真田信利寛文年間再建（桃新40）
諏訪神社（二社）　真田信利勧請（郡⑬142）、真田信利創立（社⑭106、社⑮50）、真田信利寛文年間再建（桃新40）
雷電神社　真田信利創立（社⑭106、社⑮50）
大山祇神社　真田信利創立（社⑮51）
神明神社　真田信利勧請（社⑬101、社⑭241）、真田信利寛文年間再建（桃新41）
飯綱社　真田信利勧請（郡⑬142）

石倉村
武尊社　真田信利創立（郡⑬149）
熊野社　真田信利創立（郡⑬149）
大山祇社　真田氏寛永年間再建（郡⑬150）

新巻村
玄香院　慶安四年（一六五一）僧某開山、真田氏創建、真田信利の子の墓あり（郡⑬156）

相俣村
東谷神社　真田信利寛文八年（一六六八）再建（郡⑬167）
大山祇社　真田信吉正保三年（一六四六）除地寄進（郡⑬167）

小仁田村
大峯神社　真田氏寛永一四年（一六三七）社殿造営（みな637）

湯原村
建明寺　真田信之、同信政、同信利寺領寄進（寺⑤106、みな664）
薬師堂　真田信利建立（寺⑤148）

谷川村
冨士浅間神社　真田信之慶長四年（一五九九）社殿造営、真田信吉元和四年（一六一八）
社領寄進、真田信利万治元年（一六五八）再建（みな642）

吾妻郡
永井村
三国三社明神　真田信之再興（県史⑫864）

大戸村
畔宇治神社　真田信之天正一〇年（一五八二）社殿修理（社⑫205、社⑬29、社㉒181）

須賀尾村
諏訪神社　真田信利慶安二年（一六四九）社領寄進（吾社寺103）

原町
不動院　真田信利造立（寺④127）
顕徳寺　寛文元年（一六六一）真田家の御殿を移転して再建（寺④127）
善導寺　真田昌幸奉じて天正一〇年武田勝頼土地寄進（加118）

金剛院　真田信吉寛永一〇年（一六三三）造立（信叢⑰304）、真田信利造立（寺④127）
大宮巌鼓神社　真田氏天正一八年（一五九〇）、寛永一六年（一六三九）、明暦三年（一六五七）
社領寄進（社⑫177、社⑬88、社㉒252、吾社寺59）
岩櫃神社　真田信利寛文一〇年（一六七〇）建立（後閑73）

山田村
吾嬬神社　真田氏社領寄進（吾社寺17）

三島村
鳥頭神社　真田氏援助により承応二年（一六五三）一〇月社殿改築（吾社寺85）

厚田村
大田神社　真田信利延宝二年（一六七四）再興（社⑫77、社⑬227、社㉒315）

大塚村
熊野神社　真田氏除地付与（社⑫422、社⑬76、社㉒286）

中之条町

清見寺　真田氏再興（寺④ 117）

林昌寺　真田幸隆舎弟再建（寺④ 119）、真田昌幸寺領寄進、真田信吉寛永一一年（一六三四）寺領寄進、真田信政寛永一六年（一六三九）除地寄進（吾郡誌 1027、吾社寺 185）

伊勢町

伊勢宮　真田信利明暦三年（一六五七）寄進（中 936）

横尾村

吾妻神社　真田信之天正一八年（一五九〇）社領改（中 936）

川戸村

浅間神社　真田昌幸天正一七年再建、真田信吉寛永一二年（一六三五）再建、真田信利延宝七年（一六七九）石鳥居建立（郡⑪ 184）、真田氏代々除地寄進（吾郡誌　968）

川戸神社　真田信之天正一八年土地寄進、真田信利延宝六年（一六七八）石鳥居寄進（吾郡誌 965）

四万村

薬師堂　天文四年（一五三五）建立（寺④212）、真田信之慶長三年（一五九八）造営、真田信吉寛永六年（一六二九）修繕、真田信利寛文四年（一六六四）三月修繕（信叢⑰304、四44）

大笹村

無量院　真田氏開基、真田信之天正一八年（一五九〇）寺領寄進（嬬2022）

林村

諏訪神社　真田信政寛永一六年（一六三九）社領寄進（社⑫15、社⑬240、社㉒200）

王城山神社　真田信政寛永一六年土地寄進、真田信利明暦三年（一六五七）土地寄進（吾郡誌981、吾社寺131）

岩下村

天神社　真田信之天正一八年社領寄進（沼資㊐776））

矢倉村

鳥頭神社　真田昌幸社領寄進（吾社寺89）

群馬郡伊香保村

榛名神社　真田昌幸制札、真田信之制札（社⑳169）

中郷村

子持神社　真田信利明暦元年（一六五五）寄進（西171）

江戸

浅草寺　真田信利寛文二年（一六六二）「浅草寺縁起絵巻」全七巻作成寄進（網）

そのほか、利根郡戸鹿野村の戸鹿野橋を元和年間に城主真田氏が初めて架すとあり、道路橋梁の整備もおこなっていた（郡⑫20）。

以上を「**表1**　真田氏寺社関与一覧」にまとめた。記録の洩れもあり、誤りもあると思われ、不完全なデータであり、今後の研究によりさらに精緻になることが期待されるが、意外に多くの寺社を真田氏が創建、修繕、寺社領寄進をしていることが認められる。

合計寺院神社の実数は一一〇寺社であるが、創建、再建、土地寄進など一寺社に複数の領主の関与があるので、真田氏が寺社に関与した延べ数は一四九件になる。寺院が六二件に対して、神社が八七件とやや多い。真田氏のうち沼田藩初代藩主で、二六年間つとめた真田信之が寺院一二件、神社二〇件と多く、一八年間の信吉一三件、一七年間の信政八件

表１　真田氏寺社関与一覧

関与者	利根郡		吾妻郡		その他	計		合計
	寺院	神社	寺院	神社		寺院	神社	
真田幸隆		1	1			1	1	2
真田昌幸	2	2	2	2	1	4	5	9
真田信之	10	14	2	5	1	12	20	32
真田信吉	4	5	3	1		7	6	13
真田信政	2	2	1	3		3	5	8
真田信利	23	34	3	7	2	27	42	69
真田氏	6	4	2	4		8	8	16
計	47	62	14	22	4	62	87	149
合計	109		36		4			149
実数	35	46	8	18	3	43	66	110

である。もっとも多いのは信利で寺院二七件、神社四二件に上る。著名な伊賀守信利に由緒を結び付ける傾向があったと思われるが、二五年間と信之に次いで長期間藩主であったことから関与が多かったのであろう。用水開削は信利代に三八件と多いが、信之、信吉代にもあり、ほぼ同様の結果であるが、用水は信政が二五件と多いのが目立つ。信政が用水開発に力を入れていたことを反映しているようだ。

地域的には吾妻郡は寺院一四件、神社二二件、合計三六件に対して、利根郡が寺院四七件、神社六二件、合計一〇九件と三倍にもなる。同じ沼田藩であるが、真田氏の地域攻略方法の相違により、吾妻郡では在地土豪の勢力が強く、信利の代になっても地方知行が多く残っていたように、寺社の造営も海野氏などの在地土豪が関与する事例が多く、そのため真田氏の関与は少なかったようだ。それに対して利根郡は沼田が城下町であったので藩主の真田氏の関与が多く、また信利が部屋住みの時期に小川村にいたためにその周辺の寺社に信利の関与が多かったこともあるが、戦国期に沼田氏の支配下にあって在地土豪の勢力は吾妻郡ほどは強くなく、そのため在地土豪が寺社に関与することも少なかったようだ。その沼田氏を排除して沼田藩を成立させた真田氏が、領民の支配を安定させるために寺社を創建、再建など関与することが多かったといえる。

用水を開発して荒れ地を開発しても、それを耕作するひとがいなければ生産力の向上は望めない。人の定着のためにはふるさとで信仰していた神仏をまつることが不可欠であった。インフラ整備のハード面での改革と同時に民心を安定させるソフト面での改革にも真田氏は関心が高かったことを示している。真田氏、中でも信利が熱心に寺社の造営、復興に取り組んだのは、向上した生産力を維持し、地域振興をはかるためであった。真田信利が神仏をないがしろにしたという俗説は信じがたい。

まとめとして　沼田真田氏の地域政策

真田伊賀守信利は虚像と実像とのギャップがはなはだしい。

磔茂左衛門の敵役として苛斂誅求（かれんちゅうきゅう）・悪逆非道・放縦邪侈（ほうじゅうじゃし）の暴君として描かれることが多い。

いっぽうで旧弊刷新・構造改革・独立不羈（ふき）の近世大名と評価されることもある。

松代藩主真田信政の死後、その後継者争いに敗れた真田信利は、真田氏をまとめ支える要の位置にいた信之が死去したこともあり、信濃真田氏から自立し、一近世大名として総合的地域政策を展開したと、わたしは評価したい。

地域開発のために用水開削、新田開発を積極的に進めて、生産力を向上させた。

さらに、民生安定のための精神的なよりどころである寺社を造営・復興し、生産を担う住民の定着をはかったのである。

戦国時代以来の古い体質が濃厚であった沼田藩を変革し、近世的な藩体制の確立をめざして大胆な改革を進めた。

家臣の知行高が表高を越えるほど多く、また有力家臣の権力が強かった伝統的家臣団を統制し、家臣に一定の領主権を分与して村を直接支配させる戦国時代的な地方知行を廃止し、古くから真田氏の沼田地方攻略に協力し仕えてきた家臣を改易・処分し、人件費である知行宛行高を削減して、財政を改革して領主権力を強化した。

領民の支配方法を改革し、貫高制を廃止して、近世標準仕様とされた石高制を導入して年貢徴収制度を改めて、財政的安定を意図した。その基本として石高制による領内総検地を強行するなど性急に改革を推し進めた。その結果、表高三万石を内高一四万石余に打ち出した。その背景に信州真田氏から自立したが、松代藩一〇万石への対抗意識からそれを上まわる一四万石としたともいわれる。

その結果領民の負担が増加し、領民の反発があり、それが磔茂左衛門一揆になったともいわれ、沼田藩が破綻する要因となった。

しかし、真田信利が確立した石高制を基本とする領内支配体制が、その後の沼田領の地域政策の基本的枠組みを形成したといえよう。

[丑木幸男]

[注]

(1)『信濃史料』第一八巻、二九六頁、一九六二年

(2)平沢清人『近世村落への移行と兵農分離』二二四頁、校倉書房、一九七三年。なお、三河国設楽郡では指出に戦国期の貫高と太閤検地により打ち出された石高とが併記され、前者が本年貢、後者が諸役の基準とされていたという。類似してはいるが、信濃の事例とは内容が異なる(所理喜夫「貫高制と石高制」『徳川将軍権力の構造』一一七頁、一九八四年、吉川弘文館)。遠州阿多古領、上州山中領などの永高をとった幕府領では寛文・延宝期の検地を契機に一貫文=五石替えで換算している(佐藤孝之『近世前期の幕領支配と村落』三四三頁、巌南堂書店、一九九三年、同『近世山村地域史の研究』一〇四頁、吉川弘文館、二〇一三年)。

永一貫文五石替えが定法だが、関東では二石五斗代という(大石久敬『地方凡例録』上五六頁、近藤出版社、一九六九年)。

(3)『信濃史料』第一九巻、八一~八三頁、信濃史料刊行会、一九六二年

(4)「大鋒院殿御事蹟稿」『信濃史料叢書』第一六巻、三二八頁、信濃史料刊行会、一九七七年

(5)『群馬県史』資料編一一、七八頁、一九八〇年

(6)「利根郡後閑村村役人并由緒年録」『群馬県史』資料編一二、二〇七頁、一九八二年

(7)『群馬県史』資料編一一、八一頁、一九八〇年
(8)『群馬県史』資料編一二、一三〇頁、一九八二年
(9)『群馬県史』資料編一一、八四頁、一九八〇年
(10)『群馬県史』資料編一一、八九頁、一九八〇年
(11)『群馬県史』資料編一一、八九頁、一九八〇年
(12)『利根郡後閑村』村役人并由緒年録」『群馬県史』資料編一二、二〇八～二一〇頁、一九八二年
(13)徳川義親『尾張藩石高考』一三頁、徳川林政史研究所、一九五九年
(14)丑木幸男『石高制確立と在地構造』一七一頁、文献出版、一九九五年
(15)『利根郡誌』五五九頁、一九三〇年、利根教育会
(16)同前一〇四～一一七頁
(17)藤井茂樹、真田用水研究会報告「川場用水の開削と通水路」二〇一五年
(18)出典は次のように略称した。
萩原進監修『上野国郡村誌』は「郡」

丑木幸男編『上野国寺院明細帳』は「寺」

丑木幸男編『上野国神社明細帳』は「社」と省略し、○内に巻数、半角数字で頁を示す。いずれも群馬県文化事業振興会、一九八五年～二〇一一年発行。

網野宥俊『浅草寺史談抄』浅草寺、一九六二年は「網」

山田武麿外編『群馬県史料集』第八巻縁起篇(1)、群馬県文化事業振興会、一九七三年は「縁」

西垣晴次外校注『神道大系』神社編二十五、同編纂会、一九九二年は「西」

「加沢記」、『群馬県史料集第三巻、群馬県文化事業振興会、一九六六年は「加」

「天桂院殿御事蹟稿」『信濃史料叢書第一七巻』信濃史料刊行会、一九七七年は「信叢」、○内に巻数、半角数字で頁を示す。

『群馬県史』資料編一二、一九八二年は「県史」

後閑祐次『礫茂左衛門』、人物往来社、一九六六年は「後閑」
『利根郡誌』後編、一九三〇年、利根教育会は「郡誌」
『沼田市史』資料編二、一九九七年は「沼資」、『沼田市史』別巻二、一九九九年は「沼別」
『桃野村誌』、月夜野町教育委員会、一九六一年は「桃旧」
『桃野村誌』月夜野町教育委員会、一九七二年は「桃新」
『古馬牧村史』、月夜野町誌編纂委員会、一九七二年は「古馬」
『川場村誌』、一九三七年は「川」
『白沢村誌』、一九六四年は「白」
『片品村史』一九六三年は「片」
『町誌みなかみ』、一九六四年、一九七四年再版は「みな」
『吾妻郡誌』一〇二七頁、吾妻教育会、一九二九年は「吾郡誌」
『吾妻郡社寺録』一八五頁、西毛新聞社、一九七八年は「吾社寺」
『中之条町史』資料編九三六頁、一九八三年は「中」
『四万温泉史』、四万温泉協会、一九七七年は「四」
『嬬恋村誌』下巻、一九七七年は「嬬」

本稿は二〇一六年六月四日(土)に沼田市中央公民館で実施した放送大学群馬学習センター公開講座「土曜フォーラム」での講演をもとに作成したものである。

第二章　白沢用水・滝坂川（城堀川）

一、滝坂川の水みち（白沢用水・川場用水）

沼田台地は西、南、北の三方に大きな川が流れ、東にはテーブル状に台地が延びる特異な地形を成している。戦国時代から徳川時代にかけて、その細長い台地に東や北から水路が開削され、白沢用水と川場用水ができた。地元では沼田氏や真田氏により開かれた二つの人工の流れを、正式名の「滝坂川」よりも、沼田の城への川路と捉え「城堀川」と親しみを込めて呼ぶことが多い。

沼田市は、沼田氏と真田氏そして土岐氏などが治めた城下が、発展してできた歴史の町で、変貌はしているが城下町としての名残を今なお見ることができる。特に水の流れの遺構は変わることなく残されている。西を利根川、南を片品川、北を薄根川と三方を川に囲まれ八〇～一〇〇m高い台地に位置する沼田の中心地は、その昔、水がないために人が住まない、東西に細長く延びる広大な荒れ地であったといわれる。沼田氏により開かれた白沢用水、そして、真田氏によって築かれた川場用水の二つの用水は、沼田の誕生の一助を担っており、沼田の命の水であるといえよう。

二、白沢用水と川場用水の歴史

白沢用水は諸説あるが、沼田氏の十二代万鬼斎顕泰が、沼田の幕岩城から現在の沼田公園に城を移し築くのに伴い、城内及び城下の生活用水を確保する目的で、享禄三年（一五三〇）に開削したとされる。水源は白沢村高平の通称松ヶ久保の白沢川といわれ、高平・横塚・原新町を一四㎞を経て沼田城下に流入され「御用水」とした。『加澤記』『沼田根元記』ほかに記述されている。『平姓沼田氏年譜略』『真田日記』には、永禄三年（一五六〇）根岸（榛名神社周辺）の人家を移し、材木町・本町・鍛冶町を町割、白沢村から用水を開削したことなどの記事を見ることができる。

川場用水は城下町の広がりに伴い、白沢用水の助堰として川場村谷地の薄根川から一五・五㎞を、真田氏二代信吉が元和九年（一六二三）開削、寛永五年（一六二八）に完成したといわれる。川場用水は何カ所かの谷を越えるため水路樋を架けたり、沢を迂回させたり工事は難航したという。横塚宿の東端で白沢用水と合流、「滝坂川」となり沼田に入る。二つの用水は現在も残り、河畔林が水路を囲む。

三、城堀川（白沢用水）の水みち

取水に祭られる十二山神と水神

源流の松ケ久保流域

1　白沢用水の源流

川場村に接する標高一〇六七・八mの雨乞山に連なる大白沢に発し、片品川に合流する白沢川は、全長一〇㎞にも満たない細流であるが、森林の下を貫く自然に抱かれる美しい渓流である。白沢用水は、今日の栗生トンネル近くの「松ヶ久保」と呼ばれる小さな流れを取水とし、現在も取水口が歴史を伝えており、取水には山の恵みをもたらす十二山神と、水を守る水神が祭られる。用水は旧道に並行して開渠に、また暗渠になりながら、高平地区の東部方面になだらかに下っている。

2　高平宿の開宿

慶安二年（一六四九）、真田氏四代城主信政は高平を開宿。白沢用水の維持管理も役割とした。宿には水番人を置き、春秋の堰普請など、また、水源地への規制許可も管理した。用水は「御定水」と呼ばれた。

3　真田信之の朱印状を示す古文書

慶長六年（一六〇一）沼田真田氏初代信之が白沢用水のために、高平村に水の管理を命じ、引き換えに諸役を免じた朱印状が残され、それを示す古文書が伝わる。

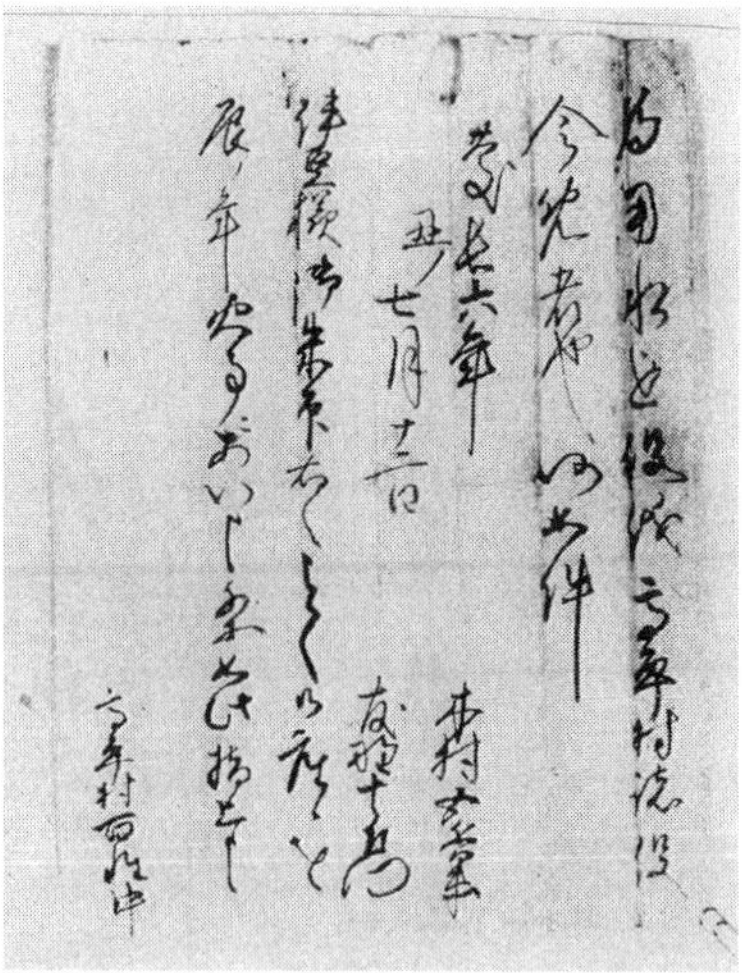

用水の為　役儀を遣（つか）わし高平村諸役を　免ぜせしむ
者也　仍（よ）って件（くだん）の如し
慶長六年
丑ノ七月十二日　　木村　五郎兵衛
　　　　　　　　　友野　十郎左衛門
伊豆守様御朱印右之ごとく御座候を
辰の年火事ニ　あい申候条如此指上申候
　　　　　　　　高平村百姓中

朱印状

高平宿

4　用水の管理

慶安二年（一六四九）、真田氏四代城主信政は、周辺の領民を集めて高平を開宿。白沢用水の維持管理も役割とした。宿には水番人を置き、春秋の堰普請など、また水源地への規制や許可も管理した。その後、本多氏や黒田氏、土岐氏から高平村へ水源地への入山の規制や、通水のための修理などを課した文書が残されている。

5　高平堰の水車

白沢用水を、宿通り東の山手から引水し、高平宿の「生活用水」に利用。特に顕著に設けられたのが「水車」である。「〇〇車」の名を付け、精米や製粉、穀物の挽き割りなどが盛んに行われた。歌さん車、才さん車、相さん車、鍵屋の車、寄合車など水車の名称が今でも言い伝えられている。堰は現在、宿通り北側を暗渠で流れる。

6　用水に立つ道祖神

用水は沼田城下へ流れるのと同様に、水田の農業用水として利用された。高平地区では宿通りの北に水田が広がっている。田畑から宿へ向かう分岐点に、農作物の豊穣や、旅の安全を願う、雲上の道祖神が祭られている。この場所は日光や会津への旧街道が交差しており、地域の出入りにとって主要な場所である。道祖神は猿田彦大神(さるたひこだいじん)と天鈿女命(あめのうずめのみこと)を配した道開き、道案内の像である。

7　用水に架かる石橋

沼田氏の重臣の一人久屋左馬丞（允）は、白沢用水工事に携わり工事を指揮したといわれる。荒削りのこの石は、当時用水に架けられたもので、地元では左馬丞の名を取り「左馬丞橋」と呼び、今も流れの傍らに歴史の証人として残される。

左馬丞橋の石橋

四、城堀川の水みち（白沢用水と川場用水合流）

1　諏訪の夫婦松

白沢用水と川場用水は沼田の横塚地区で合流、滝坂川（城堀川）となり、沼田市街地へ流れる。合流地点に植樹された二本の松が「夫婦松」である。水を恵み、水を守る諏訪信仰を二本の松に託したもので、巨樹が用水を見守る。夫婦の一本が枯れてしまい、現在、若木が植えられ役目を引き継ぐ。沼田東中学校の前にある。

堰番の大塚家の墓石

2　沼田用水の堰番

その後、横塚宿には沼田への用水を管理する「堰番」と呼ばれる役人が置かれた。現在も続く大塚家であり、その後現地に土着して家門は守られている。当家には貞享四年（一六八七）江戸初期に没した先祖の大きな位牌が残され、藩から大きな使命が託された証しが見られる。先祖の役目を示す事柄が墓石に刻まれている。

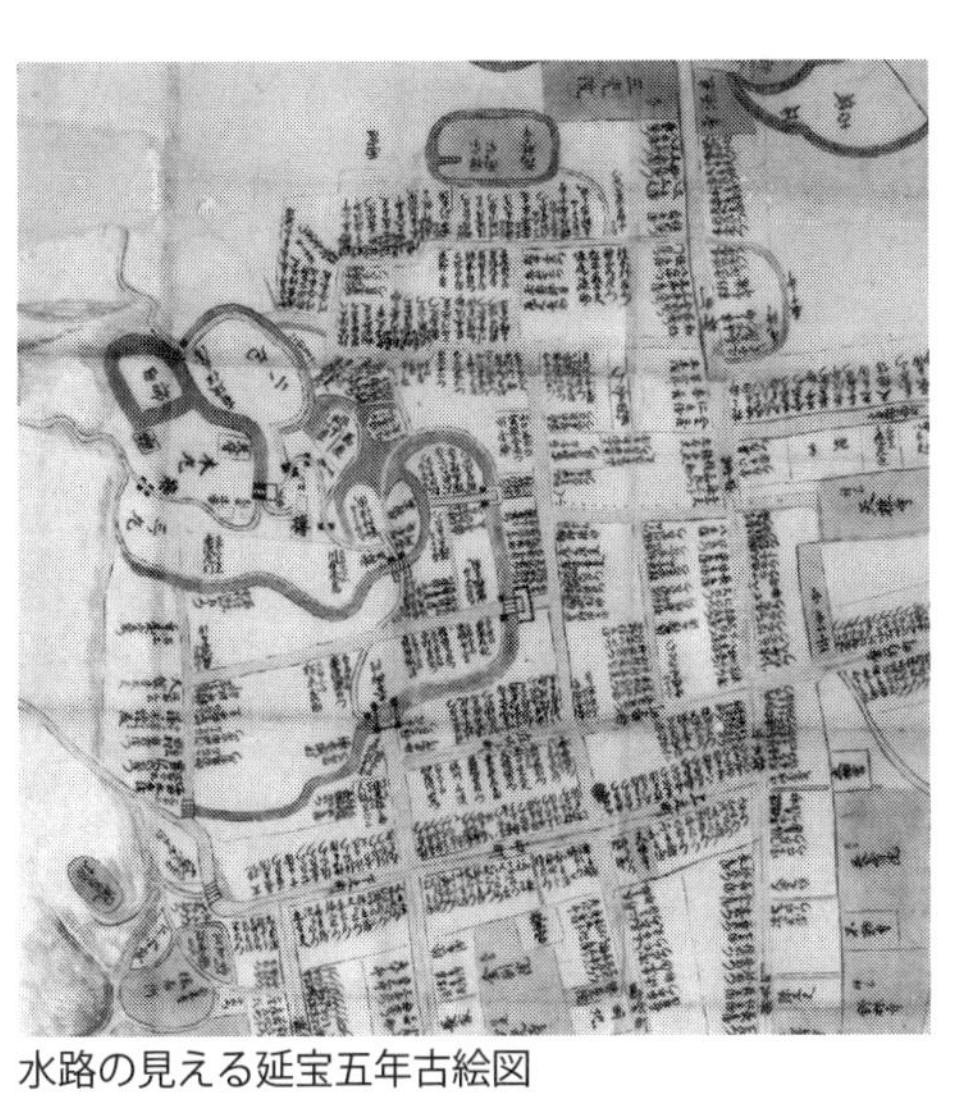
水路の見える延宝五年古絵図

3　延宝の古絵図

沼田真田氏最後の城主、信利時代の延宝五年（一六七七）に描かれた古絵図が、栄町の高橋隆雄家に所蔵される。天和元年（一六八一）に真田氏は改易になるので、沼田真田氏の最後の町割を示す貴重な資料である。城内の構図や城下の町並み、寺社仏閣、町名、武家や商家、町人に至まで記されている。通りを縫うように配された用水路は水色で示される。現在と同じように大通りの中央部や寺の前などに当時から入り組んだ水路が引かれていたことに驚きを覚える。地図には材木町の南尻から戸鹿野町の東源寺裏に流れる三願尻川の流域も見られる。

4　城下へ取水口が上中下の三段に

真田氏二代城主信吉の眠る天桂寺横を流れる城堀川が、材木町通りにぶつかると、上中下と三段の升口に分けられる。一番上は商家の並ぶ通りへ、真ん中は武家屋敷へ、そして一番下は城内へと分水される。これは水量が減っても城への水は十分に流れるよう工夫された工法といわれる。

5　用水を最大に利用、逆さ水

細かに分水され市街地を流れた城堀川は、沼田台地の高低差の地形上、南の片品川と西の利根川に落ちる。その自然の流れの原理を変えた工法が「逆さ水」である。栄町と沼須町は北から南へ造られた宿通りで、当然、南が低くなっている。この一度南へ下った流路をもう一度北に向け、地域の飲料水や水田の水に利用しているのである。地元では今でもこの流れを「逆さ水」と呼んでいる。（二九頁地図参照）

6　三願尻川（沢）の呼び名

「三願尻川」という三㎞ほどの小さな流れが沼田の市街地の南を流れる。城堀川の分水で材木町の南端から栄町を流れ、逆さ水となり田畑を潤し、戸鹿野町の東源寺裏から利根川へ下る。不思議な川名であるが、流れの途中に「長寿院・舒林寺・光清寺」の三カ寺があり、その前を流れて下るため付けられたのではないかといわれる。

おわりに

四百年以上前に沼田を治めた沼田氏と真田氏。荒れた広野が大きく市街化した沼田は、二氏族の領地拡大という野望の所産である。そして、その本懐を成し遂げるべく進められた事業が台地への水の導入であった。城下町造りに用水が開削された所はたくさんあるが、沼田のように、遠距離から生活の基盤である水を引き入れ、城下という大きな町を誕生させた例は少ない。このような町誕生に関わる重要な史実の認識が、今日市民から薄れているように思う。城堀川の土橋、高橋場町、三願尻川など用水につながる地名がわずかに残されているが、由来を知る人は減っている。城跡や、史跡、建造物など先人の宝が文化財として守られ、保存の措置がとられている中、生命の基である「水みち」の歴史も守り伝えなくてはならない。

［金井竹徳］

第三章　沼須用水の概要

沼須宿横丁を流れる用水

はじめに

沼須は江戸時代初期に、真田氏が沼田の最南端、片品川の扇状地に造ったといわれる宿場である。交通網が拡がり、前橋方面からの街道が整備され、沼田の玄関口として慶安四年（一六五一）に開宿された。片品川には当時の前橋領の森下から「沼須の渡し」場なども設置されている。宿は南北に九〇間（一六三九m）、幅一二間（二一・七二m）の大通りが開かれ、茂木や諏訪といった周辺小字に住む住民たちが集められ道路の東西に住まわされた。現在でも残る「阿左見・金井・永井・石井・茂木」の五つの苗字が「沼須五苗」と呼ばれ、宿の上中下の中心に配置されている。

旅人の往来、逗留によりさまざまな文化や芸能が持ち込まれ、特有の遊芸や人形芝居などの民俗芸能が伝わり、「道楽村」と呼ばれた時代もあったという。八木節・

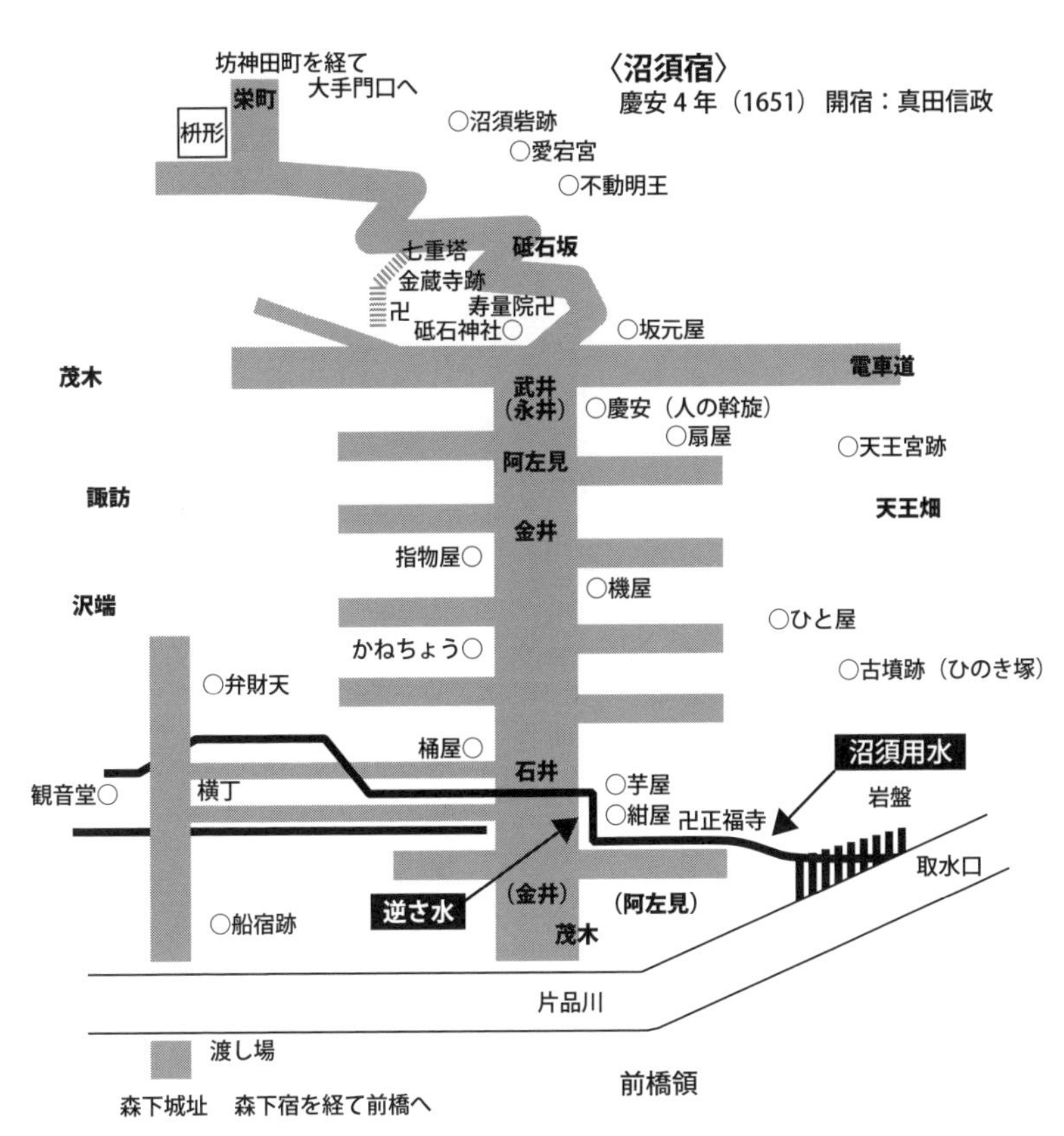

舞踊・華道・茶道が盛んで、渡世人の暗躍や博奕（ばくち）打ちの歴史も見られ、大親分の墓なども残される。特異な文化として、信州石工による県指定の七重塔の貴重な石造物の存在もあげられる。また、「機屋・桶屋・紺屋・指物屋」の屋号の家も残るなど、沼須は歴史の地ということができる。

一、沼須用水の歴史

『沼田記』には、沼田真田氏二代の信吉が、元和二年（一六一六）に「沼須新田、坊新田も地割して、新田の祝として歌舞伎・蜘蛛舞（綱渡り）を呼寄せ所々にて是を見学す」と記されている。沼須はその後、真田氏四代の信政により慶安四年（一六五一）に開宿されるが、『沼田記』からは、すでにその三五年前に新田開発が行われていたことが分かる。

沼須地区の西南に大きく広がる田園は、多少の湧き水はあるが灌漑用水の大半は片品川からの用水導入が考えられる。沼須用水の開削は元和二年の祝いの頃であろう。

沼須の東側に位置する上沼須の片品川の岩壁、切り立つ蛤瀬（はまぐりせ）と呼ばれる岩盤に穴を開け、二〇〇mほどの洞窟水路を流れ下る沼須用水。距離は短かく荒削りだが、強靭なトンネルがあり圧倒される。幅は約二m、高さは約一・七m、左右にくねりながら西方に続いている。

沼須集落西の水田

二、用水の流路

蛤瀬の取水口から、岩盤トンネルを経て片品川沿いに西へ八〇〇m、沼須の下宿（しもじゅく）の集落へ入る。阿左見家・茂木家などが建ち並ぶ集落の流路は、野菜などの洗い水として利用され、五〇mほどで沼須宿の大通りにぶつかる。ここに分岐点があり、南北西の三方向へ分水する。南西方向は下降して流れるが、北方向は高い地形のため流れは緩和し、水路をやや高めに取り、水の勢いで流水させる。地元ではこの流れを「逆さ水」と呼んでいる。栄

片品川からの取水口

町などでもこの工法が取られており真田氏の用水技術的特徴である。下宿から中宿近くまで二〇mほど流れた用水は道路を地下で横断して西側へ移り、すぐに分岐点で三路に分かれて、南西方面に広がる水田を灌漑する。北の水路は畑地との境を西に、中の水路は湧き水などと合わさり大堰として西へ向かう。南の水路は「中島」と呼ばれる、宿から西へ折れた所にある小集落を通過し西へ流れ、やがて合流して片品川へ流れ込む。片品川の合流近くには昭和四十年（一九六五）ごろまで大きな水車が設置され、米搗き場となっていた。取水口から約四㎞、沼須用水は集落の南の地区に利用され最後に田を潤して役目を終える。

岩盤トンネルの水路

三、沼須用水の現状

片品川の取水口から、宿の名残の残る集落、そして、現在も広がる田園、沼須用水は、四百年の時を経た今でもその役割を果たし続けている。一部U字に改修されたり流路の変更は見られるが、大筋は当時の姿を留めている。

沼田の最南端に位置し、温暖な地区で知られる沼須は、野菜の一大産地でもある。野菜などを出荷する前、用水はそれらの洗い場としても使われ、地区の大切な水場になっている。

沼須地区から片品川河畔を望む

おわりに

沼須の地名の由来は「沼のような洲があちこちにあった」場所といわれている。片品川の河川の一部であった沼須は、宿割の以前には、アカシアなどの小雑木、雑草、川原石や流木などの荒れ果てた河川が拡がっていたと思われる。堤防などの設置、用水の開削などにより、旅人の往来する賑わいのある宿場、肥沃な農作物の産地に大きく変貌し、歴史を育む豊かな地区に生まれ変わった。沼須用水は距離や面積など用水としての規模は小さいが、真田氏の数ある利水や治水の事業のうち、特筆すべき一つであるといえるだろう。

［金井竹徳］

第四章　川場用水 ―沼田藩真田氏の用水開削と新田開発―

はじめに

　真田氏が基礎を築き、本多氏、黒田氏、土岐氏の城下町となった沼田は、片品川、薄根(うすね)川、利根川が形成した河岸段丘の上にあり、江戸時代を通じて飲用水と生活用水の確保が大きな課題であった。真田氏の入封後は、戦国期に沼田氏が開削した白沢用水を改修して水を賄っていたが、城下の整備が進み町域が拡大するにつれて、水不足の問題が大きな比重をしめるようになった。そこで白沢用水の「介堰(すけぜき)」として薄根川上流の川場地内から水を引き、城下外れの横塚村で白沢用水に合流させたのが「川場用水」である。安定して水量が多い川場用水は、大正十四年（一九二五）三月に沼田上水道が完成するまで、沼田町民に命の水を運んだだけでなく、途中や沼田町周辺の村々で田用水に利用された。

　真田氏が川場用水の開削工事に着手したのは、元和元年（一六一五）（『川場村の歴史と文化』）とも、同六年（『沼田町史』）ともいわれている。また、真田信之が工事に着手して上田へ移ったので、二代信吉が事業を引き継ぎ、寛永五年（一六二八）に完成させたとも伝えられている。

ところが、川場村誌編纂事業の一環で、平成二十七年（二〇一五）に谷地区有文書を調査した結果、第一次史料とはいえないものの同等の史料が見つかった。そこで小稿では、史料の紹介を兼ねて川場用水の工事開始時期を再考したい。また、川場用水が農民や村々にとってどのような存在であったのか、沼田藩主真田氏にとって単なる水不足解消のためだけだったのか、田がどの程度増えたのかなどについて考え、川場用水の史的価値を再評価する機会としたい。

一、信之の城普請と町づくり

天正十八年（一五九〇）八月、秀吉の「宇都宮仕置」によって、真田昌幸の沼田領支配が公認された。昌幸自身は信州上田領を治め、上州沼田領の支配は嫡男の信之（幸）に委ねたため、信之が沼田城に入城し領内経営に当たった。沼田領内で同年八月二十五日付の「下河田検地帳」が作成されているので、信之は沼田領主就任とほぼ同時期に、検地を実施したことが分かる。その目的は、領内から上がる年貢を確定するためというより、沼田領の領主として家臣に課すべき軍役を割り出すことであった(1)。

その後も、信之が元和二年（一六一六）に上田へ移るまで、何度か検地を行った形跡があるが、太閤検地のように実測を伴う領内総検地は行われなかった。統一政権が誕生したとはいえ、戦国の終焉がまだ定まらないこの時期にあっては、臨戦態勢維持のための軍団編成が最優先だったと考えられる。

沼田藩主だった頃の信之は、豊臣政権から課された城普請や、朝鮮出兵等の軍役に応じながら、沼田城の修築や城下の整備に努めた。なお近年の研究では、沼田城の普請には、文禄二年（一五九三）から三年の伏見城普請の経験が生かされているという指摘がある(2)。

川場の臨済宗青龍山吉祥寺に、文禄五年三月二十八日付で、信之が与えた「水役」免除の朱印状が残されている。「沼田記事」の記述に「慶長元丙辰年二月五日、天守普請ニ打立」とあるなど、沼田城天守の完成は同二年二月と考えられるので、天守普請の水に関係する課役を、吉祥寺に対して免除したものと思われる(3)。

その後、朝鮮出兵の再燃、秀吉の死による政情不安などがあり、信之が本格的に城下の整備と沼田領復興に取り組むようになったのは、慶長五年（一六〇〇）の関ヶ原の戦以後である。同七年から九年にかけて二ノ丸、三ノ丸、三階櫓（やぐら）、水手門などを築いた後、十一年頃から町割を開始した(4)。

町づくりとともに家臣や町人の集住が進むと、飲用水や生活用水の不足が大きな問題になったであろうことは想像に難くない。しかし、城下に町屋が増え、定期的に市が立つようになった慶長期の末、信之をさらに悩ませる大坂の陣が起こった。そして戦後の信之は、弟信繁の華々しい最期とは裏腹に、幕府への忠誠を示す対応に迫られた。また内政では、家臣への戦後手当や逃散（ちょうさん）した村人を召還するなど、経営基盤の再整備に力を注がなければならなかった。そのため信之が上田に移る時点では、水不足に直面しながらも、新たな用水の開削工事に着手するところまでは、手が届かなかったというのが実情だったのではないだろうか。

二、川場用水開削の時期と経緯

川場用水を開削した理由は、『沼田町史』や『川場村の歴史と文化』にも述べられているように、白沢用水の介堰として城下の水不足を解消するためであった。その根拠となった高平村（現、沼田市白沢町）の小野良太郎家文書には、次のように書かれている(5)。（傍波線は筆者）

「（前略）真田伊豆守様御代、段々御家中其外家数多被成、白沢水斗ニ而ハ、御城内外并沼田町水下八ヶ村之飲用水、田用水ニ不足仕候ニ付、同領内川場より元和年中介堰被仰付候得共、嶮岨之所ニ而或ハ谷或ハ山之腰を箱樋ニ而水を通候所五ヶ所、其外岩之上ニ土手を築候所御座候ニ付、洪水之節ハ土手を崩シ、冬ハ樋口氷閉り、様々之障り御座候故、度々破損普請有之（以下略）」

右は、沼田藩主本多家が、享保二年（一七一七）に川場用水の由来について諮問した時の、高平村名主の返書である。信之の代から水不足が起こっていたこと、白沢用水を補完するために川場用水が開削されたこと、工事は「元和年中」に行われたことなどが述べられている。『沼田町史』、『川場村の歴史と文化』などが、「川場用水は信之が工事に着手し、信吉がその跡を継いで完成させた」と書いているのは、この史料を基にした記述である。

ここで注意したいのは、文書に「元和年中」とあるだけで、信之の代と書かれてはいない点である。着工の年月は利根沼田のほとんどの自治体誌（史）が元和元年とするのに対し、完成した年月は元和三年（一六一七）説（川場村の歴史と文化）と、寛永五年（一六二八）説（沼田町史・沼田市史年表）がある。

これに対し、川場村誌編纂のための史料調査で、谷地区有文書から発見された史料には、それらと異なる内容が記されている(6)。それは、同じ享保二年に、谷地組から本多氏へ川場用水の由来を差し出した答申書の写で、次のように書かれている。

川場谷地組より高平御定水江介堰之儀者、右御定水沼田御城内外并町中呑水、堰下八ヶ村呑水、水田用水ニ候処、水不足ニ付元和九癸亥年、真田河内守様御代、郡奉行清水与左衛門と申人当村江被遣、介堰御普請被仰付、高平御定水一ツニ落合、沼田江水懸り候得共、夫ニ而も介堰水勢弱候故、寛文五乙巳年、真田伊賀守様御代、久保貝戸と申所より水被揚させ候得共揚り不申、濁水之節ハ猶以□□通御定水不足仕候

但元和九年より当酉ノ年迄、九拾五年ニ成申候

右介堰之儀御尋ニ付申上候、以上

川場谷地組
名主　介左衛門

享保二年酉六月
御代官様

右によれば、信吉の家臣だった清水与左衛門が、元和九年に奉行としてやって来て「介堰御普請」が始まったとある。清水与左衛門は、信之の下で郡奉行等の重職を担った能吏で、信之が元和二年に上田へ転出した後も、沼田藩の郡奉行として、二代沼田藩主信吉の沼田領経営を支えている。信之の懸案を清水与左衛門が託されたのかもしれない(7)。

新出史料を踏まえて、川場用水の開削工事が始まった時期を考えてみる。

信之の沼田在城中から水不足が問題になっていたので、その頃から新しい用水の開削を目論んでいたことは考えられるが、工事の開始までには相当の準備期間が必要である。谷地組の答申に見える、桜川から水を引こうとして失敗した寛文五年（一六六五）の例がそれを物語っている。

川場用水の工事が元和元年に開始されたとすると、大坂の陣の終結により江戸から信之が帰城し、家臣や人夫の労を労（ねぎら）ったのと同じ頃に工事を始めたことになる。それには、取り入れ口と水を通す地点の踏査、それに伴う測量などが、大坂の陣の前に完了していなければならない。川場用水が、白沢用水に注ぎ込むまでの距離は九・四㎞あるので、短期間に済むことではない。また徳川幕府に神経を使った信之が、大坂の動向を知りながら国元の大事業を指示していたとも考えられない。信之の代から用水の新規開削が懸案であったものの、見通しがつかないうちに大坂の陣が起こり、後回しにしたまま信之が上田へ移ったのであろう。以上のことから、谷地組の答申のとおり、川場用水は信吉が藩主となって七年後の、元和九年に着工されたと考える。

三、川場用水の規模と工夫

川場（かわば）という地名は、文和三年（一三五四）、大友氏時が吉祥寺に与えた寺領寄進状に「上河波村之内」とあるように、南北朝期以前からの地名である。扇のようにそびえる武尊連峰の麓には、大小の川筋がたくさんあることからそう呼ばれたと考えられており、沼田城下の水を賄うには十分な水源がある。しかし、戦国期に沼田氏が開削した白沢用水が平地続きなのに対し、川場から水を引くにはいくつかの沢を越えなければならない。また水源域と沼田台地の高低差が小さいので通水が難しい。取り入れ口や水路の工事は、それらを克服する調査の終了が前提となる。これらのことからも川場用水は、大坂の陣の後、信吉の命で事前調査や測量が行われ、着工されたと考える方が事実に近いと思われる。

川場用水は、**図1**に示したように、薄根川上流のA地点で黒岩という場所から水を取り入れ、山裾に沿い何度も曲がりくねって沼田台地へ達し、横塚町のG地点で白沢用水に合

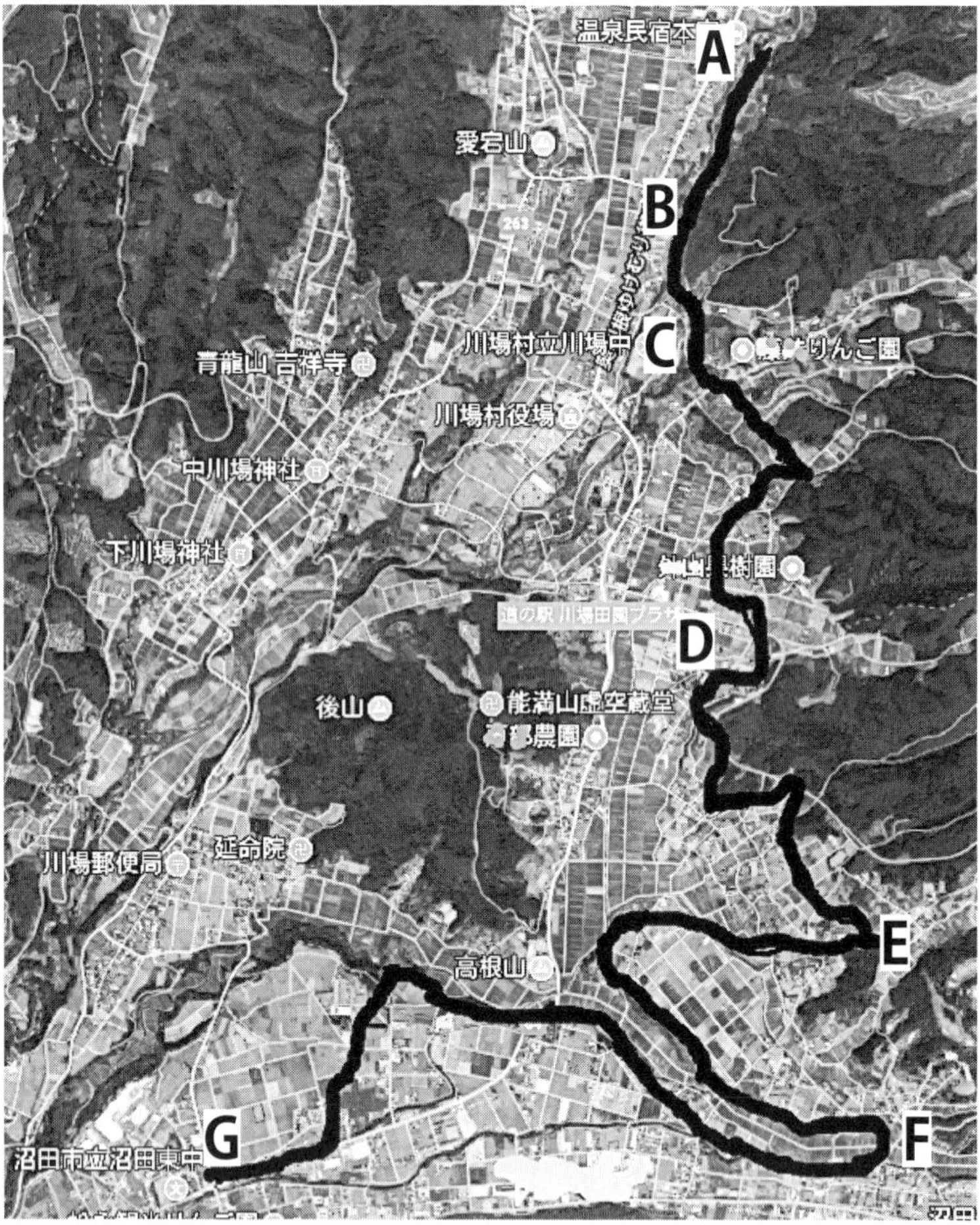

図1　川場用水の流路全行程（黒実線）

流する。その全行程は九・四二㎞になる。取水口があるA地点付近の標高は五八五m、白沢用水に合流するG地点は四七六mで、高低差は一〇九mである。

　これは水路が八六m延びた所で、一mずつ下げる計算になる。八六㎝ごとに一㎝下がるといった方がわかりやすいだろうか。

いずれにしても勾配は極めて小さいので、水路の敷設に苦心したことが想像される。曲がりくねって山裾を通したのはその苦心の結果である。特にE地点からF地点への大きな曲線で表示された部分は、川場谷から沼田台地の縁に続く水路で、ほとんど勾配がない区域である。緩やかな斜面を横切って水を通すために、斜面の低い方に土手を築いたことが補修記録に書かれている。実地踏査では全行程の三分の一に土手が築かれていることを確認した。開削工事の大半は、水路の床掘り(とこぼ)と土手の造成だったのである。A～B地点とD地点付近に、岩盤と格闘した跡が今も残っているが、それより苦労したのは、片方の低い斜面に土手を盛る作業だったと思われる。岩盤は掘れば崩れないが、斜面に造った土手は、裾の部分をよほど広く盛って固めないと崩れやすい。しかも距離が長く水洩れしやすい。そのため土手の造成には大量の板を使ったことから、用材切り出しや製材の労力も多く費やされた⑻。

その他に難工事だったのは、取水口近くの岩を掘り抜きトンネルを開けたことや、図のB、C、D、E地点の四カ所に流れる沢を、樋で渡したことであろう。樋で沢を渡すには、沢の両側に樋を支える基礎工事が必要となる。B地点の川場中学校の対岸に注ぎ込む沢に架かかる樋は、現在コンクリート製だが、基部には古い石垣が当時の面影を残している。また樋が少し長ければ、途中で支える支柱も必要だったであろう。残念だがそれらの工事を担当した役人や、駆り出された人夫の数などを記した記録はない。

四、真田用水と新田開発

(一)二代信吉の開発

五代藩主信利が改易された後、上野国真田領は幕府領となり、幕府代官の熊沢武兵衛良泰と竹村惣左衛門嘉躬が支配した。二人の代官は、真田時代末期の飢饉(ききん)と重い課役で疲弊(ひへい)した領民の、生活立て直しと荒れ地の復興に尽力した。そして貞享元年(一六八四)には、幕府による旧真田領の再検地が前橋藩により実施され、同四年から新しい年貢収取体系に移行した。その結果、幕府が把握した旧真田領の総石高は六万五五二八石であった(9)。寛文四年(一六六四)に幕府が信利に発給した領知朱印状の沼田三万石に比べ二倍強である(10)。

沼田藩の石高が増加した理由は新田開発である。真田氏沼田藩の領域は、下野、会津、越後、信濃と接する利根郡と吾妻郡の山間地であり、まとまった平地は沼田城下の台地上だけといってよい。したがって沼田藩領の多くの集落は、平野部と比べて規模も小さく村高も少ない。また畑作が中心で、水田があったのは限られた地域である。初代藩主の信之も新田開発を考え、元和二年(一六一六)には片品川に近い沼須に新開地を広げた(11)。

しかし信之はその後上田へ移ったので、新田開発は信吉によって本格的に推進された。確かな史料から確認できる信吉の代の新田開発は次の通りである。

①原新田　元和四年(一六一八)谷地の原に一四軒の入植者を入れ開発(川場村谷地区有№13「湯林と称す事に付訴状」)

②横塚村　寛永二年（一六二五）城下から東入りへの出口となる横塚に継ぎ立て宿を開く（沼田市 鈴木重利家「真田信吉諸役免除朱印状」）

③戸神村　寛永二年発知谷方面の出入り口となる戸神に新田を開く（『沼田市資料編2近世』51頁）

④冨士新田　寛永一一年（一六三四）谷地組から分かれて冨士新田を開く（県立歴史博物館蔵 関りょう家文書）

右の①と④は、現在の川場村谷地に含まれる地域である。原新田は真田氏が藩主だった頃まで原新田村を名乗っており、新しい村として開発されたことをうかがわせるが、幕府領となってからは完全に谷地組の一部になっている。④の冨士新田も真田時代までは独立した新村として扱われたが、貞享検地の後は谷地組の一部として年貢を負担している。現在の字名は冨士山で行政区は谷地に含まれる。

信吉が開削した川場用水は、白沢用水に合流するまでに、途中の中野、萩室（はぎむろ）、上古語父（かみここぶ）、下古語父（しもここぶ）などで分水され、田の灌漑にも利用された。また水量が増えた分の余りは、城下周辺の水田開発に供されたので田の増加をもたらした。

（二）四代信政の開発

真田氏沼田藩の新田開発は、四代信政の代に飛躍的な進展を遂げた。信政は、寛永一六年から明暦二年（一六五六）まで沼田藩主の座にあり、その一七年間に城下の馬喰町、栄町、原新町などを割り立てたほか、領内に多くの新田や用水を開発した。そのため後世に「開発狂」と評された。信政の代に開発されたことが分かっている新田と、新たに割り立てられた宿を、利根郡の中で拾うと次のようである。

①須賀川宿　承応二年（一六五三）、菅沼・御座入・下平の三カ村から、百姓一二軒を移らせ割り立てる（片品村星野辰雄家文書）
②月夜野宿　承応二年、小川城跡付近の人家を移して新規に割り立てる（『古馬牧村史』一三一頁）
③千鳥新田　承応四年、竹野権介を新田掛かりとして開発させる（片品村 新井一男家文書）
④木賊新田　（同右）
⑤迦葉新田　（同右）
⑥戸鹿野新町　慶安二年（一六四九）、戸鹿野村から人家を移して割り立てる（『沼田市史通史編2近世』八八頁）
⑦高平宿　慶安二年、山寄りの人家を移して町を新設（沼田市高平 公益社文書）
⑧真庭宿　慶安二年、新たに宿を創設し住民を移す（『古馬牧村史』一三一頁所収文書）
⑨生品宿　慶安二年、新たに宿を創設し住民を移す（川場村 戸部一郎家文書）
⑩湯原宿　慶安二年、生品宿と同じ年に割り立てられる（『川場村の歴と文化』）

これらの新田や宿の創設には、いずれの例も用水が引かれている。それをよく示す具体例が、図2の寛保二年（一七四二）に作成された「生品村絵図」である。絵図の上の方で川場用水から分水した水路が、後山の西麓を通って生品宿まで引かれている様子がはっきり描かれている。生品宿の高札場で宿（しゅく）の中央を流れる生活飲用水と、田へ運ぶ灌漑用に分かれているので、新たな宿を割り立てる際には、同時に用水工事も行われ、新たな水田も開発されたのである。

なお、絵図の左下に見える生品宿の屋敷割りや往還道は、真庭宿や高平宿の場合とほぼ同様である。特に屋敷を鍵の手に配置したり、中央に水路を設けたりしている点は共通している。

次に、信政の代に利根郡で開削されたことが判明する用水をあげる（西暦を略す）。

①四ケ村用水（承応元年）
利根川から引き込み、四カ村を通り全行程一五㎞を南流（『沼田市史通史編2』八八頁）

②月夜野堰（承応二年）
月夜野町創設の際の飲用水として、利根川から引く（みやま文庫『真田氏と上州』一七五頁）

③渕尻堰（承応年間）
石倉から取水し、付近一帯を灌漑する約一・三㎞の田用水（同右）。

④須磨野堰（承応二年）
月夜野町下小川の須磨野に設けられた堤防（同右）。

⑤赤谷堰（承応年間）

図２　真田信政が割り立てた生品宿

新治村悪戸で赤谷川から取水した約一㎞の灌漑用水（同右）。

⑥大峯清水堰（開削年不詳）

大峰山の湧水を約一〇㎞引いて月夜野小川の水田を灌漑（同右）。

⑦大峯山湖水堰（開削年不詳）

大峰山の大沼から月夜野小川へ引いた約四・五㎞の用水（同右）。

これに吾妻郡で開削された用水を加えるとかなりの件数になるであろう。領内に田が増えたであろうことも容易に推察できる。ちなみに信政が寛永二十年（一六四三）に検地を実施した時の沼田藩内高が、すでに三万石を上まわり四万二千石だったというから、信政が沼田から松代へ移った明暦二年（一六五六）には、それをさらに超える石高になっていたと考えられる(12)。

(三) 五代信利の開発

信政は、一八年間の沼田藩主在任中、絶えずといってよいほど開発工事に力を注いだが、明暦二年(一六五六)、信之の後の二代松代藩主に就任するため沼田から松代へ移った。五代目藩主となったのは二三歳の信利で、改易に処された天和元年(一六八一)まで、二五年間沼田領の経営に当たったが、史料を精査すると国元の運営は役人任せであった傾向がうかがわれる(13)。

その信利も、新田開発と用水開削に力を入れたことが(**表1**)により分かる。各町村に残る古文書や自治体誌(史)の記述からは、信利の治政下においても、利根郡だけで新田と用水が合わせて二一カ所開発されることになる。ちなみに吾妻郡の町村誌で信利が開発したとする用水は一七カ所を数えるので、信政の代より開発工事が多かったかもしれない。延宝期かと思われる分限帳に、新田開発を担当する代官が二人見えるのもその一端を示している(14)。

しかし信利の代に造られた新田はどこも山奥である。たとえ谷間の狭隘な平地でも、可能な限り田畑を増やそうとした結果であろう。かつて真田氏沼田藩領における寛文・延宝期の新田開発を、高平村(現沼田市)と生枝(なまえ)村(同)を対象に調べて報告したが、二時間も歩いて行くような山奥に畑が点在し、幕府による貞享元年(一六八四)の総検地では対象にされず、「荒地」として一括される悪所であった。開発したのは主に二男三男で、山奥でも平地を見つけて少しでも多く畑を開発させようとする真田氏の方針が背景にあったの

表１ 信利の代に開かれた新田と用水

		呼び名	開発年	所在地	出典、その他	
新田	1	太田川新田	万治元年	川場村	片品村 新井一男家「関所新田始め覚」	
	2	小田川新田	（不詳）	川場村	（同上）	
	3	針山新田	万治元年	片品村花咲	（同上）	
	4	東田代新田	万治元年	片品村小川	（同上）	
	5	栗生新田	万治元年	片品村花咲	（同上）	
	6	石戸新田	万治元年	沼田市利根	（同上）	
	7	輪組新田	寛文年間	沼田市利根	利根村誌	
	8	上須川新田	寛文11年	みなかみ町	新治村誌	
	9	冨士新田	延宝2年	みなかみ町	新治村誌	
	10	大倉蘭新田	寛文10年	沼田市奈良	（明治9年）奈良村誌	
	11	（不詳）	延宝7年	沼田市大釜	小野里和夫家文書№146	
		呼び名	開発年	所在地	取水	距離	出典等
用水	1	押野堰	寛文3年	みなかみ町	須川川	１．８キロ	新治村誌
	2	岡屋用水	寛文2年	沼田市	発知川	２．６キロ	池田村史
	3	赤谷堰	（伊賀守代）	みなかみ町	赤谷川	１．２キロ	桃野村誌
	4	沼須用水	（伊賀守代）	沼田市	片品川	（不詳）	利南村誌
	5	奈良用水	（伊賀守代）	沼田市	発知川	4キロ	池田村史
	6	岩室堰	（伊賀守代）	沼田市	（不詳）	（不詳）	沼田領品々記録
	7	小田川用水	（伊賀守代）	川場村	小田川	（不詳）	谷地区有文書
	8	（不詳）	（伊賀守代）	みなかみ町	栗生沢	１．３キロ	町誌みなかみ
	9	（不詳）	（伊賀守代）	みなかみ町	むや沢	３．２キロ	町誌みなかみ
	10	（不詳）	（伊賀守代）	みなかみ町	むや沢	１．１キロ	町誌みなかみ

（利根郡の町村誌と古文書等より作成）

かもしれない。また耕地開発を進めて二男三男を自立させようとする意図があったことも考えられる(15)。

そうした意図は、信利の下で進められた新田開発の事例からも推し量ることができる。たとえば寛文一一年（一六七一）に開発された「上須川新田」は、沼田藩御巣鷹山の萱留（かやどめ）だった所を、信利の意向を受けて沼田の宇敷長左衛門が切り拓いた二町歩余りの新田である。元禄郷帳の村高は四石七斗五升二合と、当時の平均的自立農の一軒分であるが、長左衛門家の相続が後々まで続いた(16)。

他の新田の石高を元禄郷帳で見ると、大田川村＝四石三升二合、小田川村＝九石一斗八升八合、東田代村＝九石三斗九升七合、輪組新田＝一二石九斗一升九合などと、奥地だけあってやはり同様に小規模である。

一方、用水を引くことによって多くの田を増やした所もある。「伊賀掘り」とも呼ばれる押野堰は、「たくみの里」で知られるみなかみ町須川平の高台にある泰寧寺から、山奥へ一km以上分け入った沢で取水する。落差のある岩盤の崖を滝のように落ち下った後、放射状に分水されて三五町歩余の田に配られる(17)。

岡谷用水、奈良用水なども途中で分水され多くの田を潤している。こうしてみると、田を増やす施策としては、用水を切り拓く方が新田の開発より明らかに効率的である。しかし用水の開削は新田開発より経費がかさむ。なぜなら、新田開発はたとえ藩が主導しても、入植者が主体となって開発事業を進めるからである。藩は、萱場や荒れ地など未開の土地と用具を提供するほか、何年か年貢免除の特典を付与するくらいで出費は軽い。それに対し用水の開削には、たとえ受益者負担で村々から人足を集めても、諸々の道具、用材とそれを製材する杣や木挽きなど、藩の出費は決して少なくない。真田氏改易後に旧沼田藩勘定方だった加沢平次左衛門が、代官に提出した調書「沼田領品々覚書」の中でも、橋の架け替えや用水の補修は藩の負担であったと書いている(18)。

これらを総合的に考えると、真田氏は新田開発と用水開削の両方を、経費をかけても同時に推し進めたことが分かる。水田が少ない沼田領を領有した真田氏にとっては、当初から米の増産を図ることが必須課題だったのである。その達成に向けて本格的に取り組んだのが、元和二年（一六一六）から藩主を務めた二代信吉であり、信政、信利の代には藩を挙げての重要政策として、発展的に引き継がれたのである。

五、川場用水の灌漑面積

元禄九年（一六九六）五月に書かれた冊子型の文書で、幕府代官竹村惣左衛門の指示により、川場用水の水分口を修復した時の記録が、川場村歴史民俗資料館に展示されている。内容は、三六カ所の、「川場堰水分口」に設けられた分水枡の寸法と、分水先で耕作される田の面積（受益面積）である。分水枡ごとの受益面積を一覧表にした（表2）。

三六カ所のうち、一カ所に面積の記載がない。他の三五カ所の合計は四七町三反七畝一三歩である。これらがすべて川場用水の開削による開田であるとはいえないが、表で見るように三六カ所に分水枡が設けられたことで、元禄期には田の面積が格段に広がっていたことは確かであろう。

仮に四七町三反歩余が開田されたとして、その収穫高を類推してみたい。計算方法は、江戸中期の反当たり平均収穫高が、米約一・〇三石程度であったという下位の田に当てはめ、それを四七町三反に乗じた(19)。その値は四八七・一九石となる。これを「元禄郷帳」で見ると、沼田領では大村の部類に入る、湯原村（現川場村）や下古語父村（現沼田市白沢町）以上

表２　川場用水、白沢用水の受益面積

No.	水分口からの受益者（用途）	田の受益面積(空白は無記載)
1	萩室村　　生品へ１里余	６反歩と生品分（呑水）
2	萩室村　　道のり５丁	６反歩余
3	萩室村　　六左衛門	３反歩余
4	萩室村　　次郎右衛門	９反歩余
5	萩室村　　久右衛門	５反歩余
6	萩室村　　長兵衛	２町余
7	下古語父村　伝右衛門	８町６反５畝　８歩
8	下古語父村　弥五右衛門	１町９反５畝　６歩
9	下古語父村　兵左衛門	１町　　２畝歩
10	下古語父村　庄兵衛	１反歩
11	下古語父村　金右衛門	４反歩
12	下古語父村　藤兵衛	１町１反余
13	下古語父村　彦右衛門	２町７反７畝　７歩
14	上古語父村　杢兵衛	８畝２３歩
15	上古語父村　惣右衛門	（記載なし）
16	上古語父村　吉兵衛	２反６畝　３歩
17	上古語父村　市太夫	１畝１０歩
18	平出村　　伝兵衛	４反２畝歩
19	平出村　　三太夫	２反７畝歩
20	上古語父村　六左衛門	１反７畝１６歩
21	上古語父村　喜太夫	１反　　１２歩
22	上古語父村　新左衛門、七左衛門	１町６反余
23	上古語父村　権兵衛	２町８反余
24	上古語父村　与兵衛	５町３反余
25	横塚村用水末、横塚、原田、岡谷出作、	１町２反　　２４歩
26	岡谷村出作	１町２反　　２４歩
27	柳町用水	３町程
28	高橋場用水口	
29	原町用水末田へ用	
30	榛名村天水口	
31	新町用水	４町歩程
32	餌指町　馬喰町末戸鹿野村田用	
33	坊新田用水　戸鹿野田用	
34	下之町内袋町用水	
35	正覚寺用水、横町共ニ	２町程
36	瀧坂風呂屋上	４町程
計		４７町３反７畝１３歩　＋α

（川場村歴史民俗資料館蔵「川場瀧田堰分水木帳」より作成）

の値で、沼田領の平均的な村高のほぼ二カ村分に相当する。川場用水ができる前からあった分を差し引いたとしても、開削されたことで田が飛躍的に増加したのは間違いないといえる。

六、用水維持の負担

元和九年（一六二三）に着工した川場用水は、五年の歳月を要して寛永五年（一六二八）に竣工した。沼田台地に引かれた白沢用水と合流した後は、城下に入って城堀川となり生活用水と田用水を供給した。そのためこの二つの用水は、真田氏をはじめ代々の領主が手厚く保護した。次の史料は二代信吉が高平村に与えた朱印状写である(20)。

就用水、高平山江他郷より薪取人馬不可出入者也、仍如件

信吉（朱印）

元和三年巳二月廿日

奉之　桑原一左衛門尉

高平村百姓中

文中の高平山は、古来から麓の高平村の人々が燃料の薪を採取してきた山である。白沢用水は、その林の中を流れる白沢川から取り入れられ、村の中を通って城下へと続いてい

る。そのため用水の最上流となる高平村には水番が仰せつけられ、水量や水質の維持管理が課せられたのであるが、その分高平村だけに馬を引いて薪採りに行くことが許されたのである。この措置は後の沼田藩主本多氏、黒田氏、土岐氏にも引き継がれて明治を迎えたが、周辺村からの移住で城下の人口が増えた江戸中期以降は、水源域の村々に取水口や用水の維持管理を厳しく求めるようになった。次に掲げるのは、享保一七年（一七三二）に、黒田氏が水源域の村に出した「触」を請けて取り決めた、高平村の連判状である(21)。（傍波線は筆者による）

（前略）

覚

一御用水之儀、別而従　御公儀様厳敷被　仰付候ニ付、此已後於御用水ニ手足洗、菜大根之類一切洗不申、ひしゃく之処穢不申候様ニ可致候、此已後左様成儀見付申候ハヽ、為過料鐚壱貫文宛押へ取、名主方へ預ヶ置申筈相極候、仍為念惣村中連判証文如件

享保十七年
子八月日

喜平次　㊞

（八九人の連印略）

名主定右衛門　㊞

同　弥五右衛門㊞

同　武兵衛　㊞
（組頭四名略）

右によれば、「御用水」を汚さないように、「今後は用水で手足を洗わない、菜や大根などを洗わない、汚れた柄杓を使用しない」などのことを村中で申し合わせ、違反者からは鐚一貫文の罰金を取ることを取り決めている。こうした水質保全は、義務として村全体に負わされ、名主ら村役人はもちろん村全体の大きな負担となった。

用水の維持で最も大変だったのは、土砂の流入、土手の崩壊、樋の破損などが発生した時の復旧に、村人が随時駆り出されたことである。川場用水の場合、その人足を割り振ったのは、取り入れ口に近い中野村の名主である。水番と被害を吟味して必要な人足を割り出し、被害の内容や規模に応じて人足の数と人足を出す村を決めた。大がかりな工事なら下流の沼田町や戸鹿野村へも人足を割り当て、少しの被害なら破損した場所に近い村からの人足で済ませたが、沼田町などからは費用を後日拠出させた。

その廻状を出したのは中野村の名主である。取り入れ口に近い中野村が用水を管理することと、城下及びその間の村々は、中野村の指図に従うことを領主が認めていたからである。だがそのために高平村のような特権が、中野村に付与されていたかどうかは不明である。水番は、中野村、上古語父村、下古語父村に置かれていた。

川場用水は、沼田城や城下の飲用水、生活用水に用いられたため、厳冬期でも通水を確保したので、前の史料(5)でも訴えているように、樋の口が氷で塞がれたり凍結のため破損したりで、川場村域の村人たちにはたいへん大きな負担であった。

まとめ

川場用水は、真田氏沼田藩二代藩主の信吉によって、元和九年（一六二三）から寛永五年（一六二八）にかけて開削された。取り入れ口と城下の標高差に比べ通水距離が長いため、傾斜がほとんどないような水路を造らざるを得なかった。そのため勾配を確かめるため闇夜に近隣の村人を召集し、提灯を持って並ばせたとの伝承がある。さまざまな困難を克服して川場用水を完成させた背景には、水不足の解消だけでなく、狭隘な山間地を領国としたがゆえに真田氏が背負った、耕地開発という宿命的な課題があった。

六八年後の元禄九年（一六九六）に、幕府代官の竹村惣左衛門が大改修を施し、新しい分水枡を設置したのも田を増やすためであった。ただし竹村の用水大改修は、幕府に入る年貢の増収というより、田を広げて農民の生活向上を図った、竹村の撫育（ぶいく）政策であったろう。竹村は真田氏沼田藩の改易後、旧真田領の代官を務め、飢饉と圧政で疲弊しきった村々の救済に五年間尽力した。その事績からは村や農民の側に立った執政官であったことがしのばれる(23)。利根郡の担当は二度目であった。水量が豊かな川場用水は、横塚村で白沢用水と合流するまでに五ヵ村の田へ分水された。その後は城堀川となって城内や沼田町の飲用水と生活用水に使われ、余りは沼田台地の南端に位置する戸鹿野村の田まで潤した。真田氏が築き、代官竹村惣左衛門が補強、改修した川場用水は、その後も領主の保護を受けながら村人たちが何世代も守り続け、三九〇年を経た今も沼田台地に実りをもたらしている、貴重な灌漑遺産であるといえる。

［藤井茂樹］

［注］

(1)鈴木将典「豊臣政権下の真田氏と上野沼田領検地」（『信濃』六六巻第二号）が、天正十八年の「下河田検地帳」を詳細に考察している。

(2)平山優『真田信之』（ＰＨＰ新書）一二二頁。なお真田氏による沼田城の普請は、天正九年（加沢記）を初見として、天守を完成させた慶長二年まで度々行われた。

(3)川場村吉祥寺所蔵「真田信之朱印状」

(4)内閣文庫「沼田記事」。また『沼田市史』付録年表によれば、信之が沼田の町割を行ったのは慶長十二年。

(5)『川場村の歴史と文化』二〇一頁所収

(6)川場村谷地区有文書№二三五

(7)「元和元年下沼田村年貢請取手形」（沼田市 清水一男家文書）に、信吉治下の勘定奉行として署名しているほか、信政の代にも「正保二年布施新田年貢皆済目録」（沼田市役所文書）を発給しているので、信吉、信政の二代に仕えた能吏のようである。

(8)享保三年写の「川場瀧田堰高平堰分水木帳」（沼田市 小林久豊家文書）や、その後の生品、立岩地区に残る多くの「堰普請願」などでは、樋と土手を修復するため、沼田藩に木材の伐採を願い出ている。

(9)丑木幸男『石高制の確立と在地構造』(二四四頁)
(10)『寛文朱印留』
(11)『沼田町史』二八三頁。「沼田記」
(12)『沼田市史通史編2近世』八七頁。
(13)寛文八年に、信利の主導で職制や領内支配上の諸規定を改め、藩政の刷新を図っている(『沼田市史資料編2近世』所収「真田氏家中役人諸事奉覚書」、しかし予期しない災害が続き、国元家臣の失政を招いたと帰農武士が綴っている(谷地区有文書No.二三五)
(14)群馬大学附属図書館所蔵「真田家分限帳」
(15)拙稿「真田氏治下沼田藩の耕地開発—高平村・生枝村を例に—」(『群馬文化』三〇六号、一九八三年)
(16)新治村誌二六七頁
(17)新治村誌二六七頁
(18)『沼田市史資料編2近世』八七頁。
(19)高木和男『食から見た日本史 上』九一頁の上田、中田、下田の反当たり平均収穫高による。
(20)沼田市白沢町 公益社所蔵文書「高平山入山につき真田信吉朱印状写」
(21)沼田市白沢町　下古語父区有文書「御林并御用水御吟味連判帳」
(22)川場村誌編さん室所蔵、旧小林元吉家文書。本多氏が沼田藩主だった正徳、享保期の名主文書がたくさんあり、川場用水の普請人足に関する触や人足割、人足扶持請取手形等から、この頃大田川用水が造られたことが分かる。
(23)『沼田市史通史編2近世』一四三〜一四七頁

第五章　四ヶ村用水

はじめに

応仁元年（一四六七）五月、京都の室町幕府の有力家臣であった細川勝元・畠山政長と山名宗全・畠山義就の対立はやがて戦火を交える結果となり、この戦乱は十年に及び京都は寺社をはじめ多くの民家が焼失したといわれている。長く続いた京都の戦乱は治まったが、この戦乱の火は諸国に広がり戦国時代となった。

上野国は北に越後の上杉謙信、甲斐の武田信玄、小田原の北条氏といった強大な戦国大名に囲まれていた。百年余も続いた戦国時代も末期に近くなった天正の時代はまさに激動の時代であった。

天正元年（一五七三）には武田信玄が病没し、翌二年には真田氏の基礎を築いた真田幸隆が没し、同三年には武田信玄の跡を継いだ勝頼が織田・徳川軍と長篠で戦い武田勝頼は大敗した。天正六年三月には上杉謙信が急逝した。

天正七年から八年にかけて武田方となっていた真田昌幸が信濃から上野の吾妻に、更に利根に進攻し目標としていた北条方となっていた沼田城を調略した。天正十年三月には武田勝頼は織田・徳川軍と天目山麓の田野で戦い、武田方は大敗し武田氏は滅亡した。さらに同じ年の六月には織田信長が本能寺において家臣の明智光秀に攻められ自刃した。

　真田昌幸にとって主家である武田家の滅亡により独立したとはいえ、弱小大名であるために真田氏の領有となった沼田領を保持するために上杉景勝に属し、徳川家康と和議を結んだ。武田・織田という二大勢力が滅亡した天正十年十月には徳川と北条二氏の間で真田氏にとっては重大な約定が結ばれた。その内容は信濃国の佐久郡と甲斐の都留郡は徳川氏に、上野一国は北条氏の領有という約定であった。しかし、上野の利根・吾妻二郡は真田昌幸の領有するところであったため、以後北条氏は真田氏の持城である沼田城を奪取するために沼田城を攻めたが北条氏の下には落ちなかった。この頃豊臣秀吉の全国統一は着々と進められていく中で、秀吉の上洛の要請に応じなかったのは小田原の北条氏・仙台の伊達政宗であった。特に小田原北条氏の要求は沼田城を含む利根・吾妻一円を北条領として欲しいということであった。秀吉は北条氏の要求を真田昌幸に伝えたが、昌幸はたとえ秀吉の命であっても沼田城は渡しても利根川の西の名胡桃城は渡せないと答えたといわれている。

　この結果、秀吉の裁定となり「沼田城を含む利根川を境として東部一帯、小川城付近を北条氏に利根川を境として名胡桃城を含む西部一帯を真田氏に」という裁定であった。

　この秀吉の裁定に対して北条氏は大きな不満があったと思われる。それは上野から越後に通ずる三国越えの要衝、猿ヶ京・名胡桃の城は真田氏の持城、さらに利根川の上流から湯桧曽川に沿って行くと上野と越後の境、清水峠（直越）の要衝も真田領となった。

一、北条氏の滅亡

天正十七年（一五八九）秀吉の沼田領の分割の裁定によって、沼田城には北条氏の家臣・猪俣邦憲が城代として入った。利根川を中にして名胡桃城には真田昌幸の家臣・鈴木主水重則が城代として入った。沼田城と名胡桃城は距離にして五㎞余である。

天正十七年十一月、沼田城の北条氏の城代・猪俣邦憲が突如として真田氏の持城である名胡桃城を奪取する事件が起きた。この顛末（てんまつ）は真田昌幸から秀吉に訴えられた。秀吉は北条氏が容易に上洛の命に従わなかったことと、天正十四年十二月には、関東奥州の諸大名に対して私闘を禁ずる「関東奥羽惣無事令」を出していた。この名胡桃城不法攻略事件は惣無事令に反するとして北条討伐を決意し、全国の諸大名に参陣を命じた。十一月二十一日付の秀吉から昌幸に宛てた書状には「……このうえ北条が出仕したとしても、かの名胡桃へ攻め懸かって討ち果たした者どもを成敗しないのであれば、北条赦免の儀はありえない……」と強硬な書状である。さらに同月二十四日の北条氏直に宛てた書状には五カ条からなる宣戦布告の条文があり、翌天正十八年三月、秀吉による小田原攻めが始まった。そして同年七月五日北条氏の投降により秀吉の勝利に終わった。

この小田原攻めで最も功のあったのは徳川家康であり、秀吉は家康に関東における北条氏の旧領六カ国を与えた。

真田昌幸は秀吉から信濃二郡と上野二郡（利根・吾妻）を安堵された。しかし、上野は家康の領有下にあったため、昌幸は嫡子の信幸を沼田に置き昌幸自身は上田へと去った。信幸は家康の被官として組み入れられた。

家康が関東に入国したのは天正十八年八月一日であり、八月十五日には家臣大名の配置を命じている。関東で軍事上最も重要視されていたのは上野であり、上野で最も重視されていたのは利根・吾妻である。秀吉は真田氏の旧領ということで真田昌幸に与えた。この利根・吾妻は信濃・越後・会津・下野の四カ国と接している。利根・吾妻を除いて上野で重要視されている厩橋(うまやばし)には譜代の直臣・平岩親吉、関ヶ原以後は酒井氏、高崎には井伊直政、館林には榊原康政といった徳川譜代の重臣を配置した。しかし、上野の北にあって軍事上最も重要視されている利根・吾妻の二郡は家康にとってあまり好ましくない存在の真田氏の所領となった。

初めて入国する大名は、命じられた領国(封地)に赴くことはなかなか容易ではなかったと思われる。真田氏を除く新たに配置された大名の任地に移ったのは九月になってからだと思われる。しかし、真田氏の場合は天正八年沼田城を手中にしてから北条氏との間に沼田城の攻防があったが領内の経営も着々と進んでいたものと思われる。

戦国の争乱が治まって各大名が与えられた領地に入って、その領有する土地はどれだけの生産力を持つ土地か、さらにどれ程の税収入があるのだろうか、これが与えられた領国に赴く諸大名の第一の関心事であったと思われる。

沼田市屋形原町の生方家には天正十八年(一五九〇)八月二十五日と記された「下河田

御検地之帳」が残されている。この検地帳は横帳形式で縦四十三㎝・横十六㎝のものである。この検地帳の表には「下河田御検地之帳」と書かれ、唐沢市郎右衛門尉、小林文右衛門尉他四人の名が書かれ、いずれも真田氏の家臣か従者と思われる。

沼田領の検地の資料（検地帳）が残っているのは真田氏五代・真田信利の寛文の検地帳と真田氏が改易となった後、貞享三年（一六八六）幕府の命を受けた前橋藩で実施した貞享の検地帳がある。この天正の検地帳は個人ごとの貫高が集計されてそこから不作引き、減免が記され、その年に納めるべき年貢が各人ごとに記されている。

『加澤記』の巻之五の終わりの項に「天正十八年の秋より、関東静謐しければ上下安堵の思をなしけり。其年の暮矢沢、浦野を以て領地検地し給て、追貝の郷にて荒地を高に結び給り……」とあり、検地の具体的な内容については不明であるが利根・吾妻の真田領については天正十八年の暮れには検地が終わっていると解せられる。

天正十七年から十八年にかけては北条氏の家臣・猪俣による名胡桃城事件が起こり、三月から七月にかけては小田原攻めがあった。天正十七年の秀吉による真田領・北条領の分轄裁定が行われる前から沼田城をめぐる北条氏と真田氏の攻防はあったが、その中で真田氏は領内の検地を実施していたと解せられる。現在残されている天正十八年八月二十五日付の検地帳は県内では最も初期の検地帳である。この検地帳は天正八年、真田氏が手中にした沼田領と真田氏の関係を知る上で貴重な史料といえる。

二、真田信幸（之）と沼田領

室町幕府の重臣、山名・細川両氏の対立はやがて応仁の乱となり、この戦乱の火は諸国に広がり、戦国時代となった。

この戦国の動乱は約百年以上にわたって続いたが、天正十八年の秀吉による北条氏の滅亡を境に近世の夜明けとなった。しかし、その後も天下を二分する関ヶ原の戦い、大坂冬・夏の陣と続いた。

長い戦乱で最も大きな犠牲を払ったのは戦いの当事者は別として、戦いとは無縁な農民であった。この利根・沼田地方は小田原の北条氏・越後の上杉氏、武田氏の命を受けて沼田に進攻した真田氏の三つ巴の戦いの場となった。

この激しい戦火の中で家を焼かれ、食料は奪われまたは無残に殺されていった農民が多くいたと思われる。このような状況の中で農民の生きる一つの手段が「逃散」であった。自分の村を捨て戦火の及ばない土地を求めて集団で逃げることだった。

長く続いた戦乱が終わり、各大名は与えられた自己の領内の経営に当たった。しかし、田畑を荒らされ穀物を奪われ逃散・欠落ちした農民の不在の田畑は荒れた田畑に変わっていた。

沼田藩初代藩主となった真田信幸は天正十八年の暮れには領内の検地を終わっていた。しかし、逃散・欠落ちした村の田畑は荒れ地と化していたため、領内経営の最初が村を捨てた農民を村に呼び戻すことであった。

みなかみ町箕輪（旧新治村）の森下家文書の慶長十三年（一六〇八）十二月朔日の「新田町之事」には、三国街道の布施宿に新田町を立てるために、さまざまな特典を与えている。その一つは「課役は三年間免除之事。三年以前に欠落ちした百姓が帰ってきた時は未納年貢は全て免除する。また耕作者のいない荒れた田畑を開削した場合は開削した者に与える」とある。

また、慶長十九年七月、真田信幸が家臣の出浦対馬守と大熊助右衛門に対して「政所村（みなかみ町）の百姓が欠落ちし、或いは身売りしたため田地がことごとく荒れてしまったので借金を返済して身売り百姓を召返すように」と強い指示を出している。元和三年（一六一七）、真田氏二代藩主の信吉の家臣・羽田筑後守が新巻・布施河原新田一帯を支配していた倉沢忠左衞門に宛てた書状にも、河原新田に入った者については田畑を開いた場合三年間年貢の免除、その他の諸役も免除の特典を与えている。

天正十八年、沼田真田氏初代藩主となった信幸は元和二年上田に移るまでの二六年間長く続いた戦国の動乱で荒廃した利根・吾妻の領内の復興に尽くした。二代藩主となった信吉は父信幸と母小松姫の嫡子として生まれた。二三歳で藩主となり、父信幸の業績を継ぎ一八年間藩主として領内経営に当たったが四二歳で病没した。

信吉の跡を継いだのは信吉の子の熊之助で寛永九年（一六三二）に生まれて四歳で藩主となったが寛永十五年七歳の若年で夭折した。

真田氏四代を継いだのは信吉の弟の信政で寛永十六年七月藩主となった。信政は慶長二年信幸と小松姫の次子として生まれ、沼田入部前は信州埴科郡で一万七千石を領していたが、弟の信重に譲り沼田領二万五千石を領することとなった。信政が沼田に入部した時はすでに四三歳であった。

真田信政は沼田藩主として一七年間であったが、後年「開発狂」といわれるほど沼田領の新田開発、用水工事などに力を注いだ。寛永二十年には沼田領の検地を実施し、内高四万二千石余を打ち出した。

沼田領に限らずいずれの藩でも戦国の動乱から近世に移行し、安定期に入る頃、すなわち正保・慶安の頃になると領内の整備開発が進められてきた。新田畑の開発・用水・溜池の工事・街道・宿駅の整備などが進められた。

また一方では藩財政の収入を図るために検地を実施し、年貢の増収が進められた。四代藩主信政は沼田藩主であった一七年間は信幸・信吉と進められてきた領内の整備を引き継ぎ、それはほとんど信政の代に完成されたといっても過言ではない。

三、四ヶ村用水

真田信政が実施した多くの土木工事の中で、大規模な用水工事として上牧・下牧・後閑・師（旧・古馬牧村）の四ヶ村を貫流する四カ村用水堰がある。

この用水は四代藩主・真田信政が手がけた用水工事の中では最も難工事であったとされる。後閑村の記録の中で慶安三年（一六五〇）の項に「此時四ヶ村組合堰初而御普請御奉行増田嘉四郎……」とあって、二年後の承応元年（一六五二）の項に「此年四ヶ村組合堰御普請成就……」とあり、短い年月の間に三峯山の西麓三里一四町（一三km二二七m）を開削したと記録されている。上牧・下牧・後閑・師の四カ村の一五〇町歩余の水田を潤し、以後三六八年を経た今日でも村々の米作りの原点となっている。

旧取水口の目印の石

三六〇年余前、土木技術が進んでいなかった時代にどのような方法で用水工事が進められたのか、一三km余の水路のほとんどは平坦なところはなく、山肌に沿って用水路が造られている。奈女沢の利根川よりの取水口から師の用水堰の末までをたどってみると流路の落差が非常に少なく、

現在の利根川からの取水口

ほとんど水平に近い状態に見られる。一三㎞余の水路をどのように開削したのだろうか、いまだ解明されていない。
平成十三年講談社から出版された峯崎淳氏執筆の『大欲(小説・河村瑞賢)』の中に「断崖の用水路」という項があり、その中に「慶安四年の二月、信政は長さ三里十四町余りの用水堰の敷設に着手した。利根川本流から三峯山の麓の奈女沢で取水し、四釜川に落とす深さ一間、巾一間の用水路である……」。この小説の中で真田信政と河村瑞賢は知り合いであったため「沼田に来て用水路の普請を手伝ってほしい……」と要請があり、瑞賢は沼田に来て用水堰の工事に尽力したという筋である。しかし、河村瑞賢は沼田には来ていない。あくまでも小説であると峯崎淳氏は語り、用水の取水口から水路の終わりまでの一三㎞余を峯崎氏と用水に沿って歩いたことがあった。

四、四ヶ村用水を守ってきた農民の足跡

現在の四ヶ村用水は昭和四十年の初めには三面コンクリートで固められた。そのため雨

が降り続いても大水が流れても破損の心配は少ないといわれている。しかし、四ヶ村用水が現在のような三面コンクリートになるまでは完成以後昭和三十年代後半までの三百年余という間は四ヶ村の農民は大きな労力と時間を用水に注いできた。大雨や洪水による用水路の破損はほとんど毎年のように発生したといわれている。そして最も恐れられている被害は台風や大雨による利根川の増水によって取水のために利根川の真ん中近くまで築かれている取水枠が流されてしまい、その修復のために四ヶ村から大勢の農民が修復に当たらねばならなかった。

大雨で山から落下した大石

記録に残る用水路の修復工事は、天和三年(一六八三)・寛保三年(一七四三)・寛政十一年(一七九九)・文化十一年(一八一四)・天保二年(一八三一)・天保六年(一八三五)・天保十年(一八三九)・弘化四年(一八四七)・安政六年(一八五九)・明治十六年(一八八三)・明治二十九年(一八九六)と大きな修復工事があった。

用水の修復工事には四ヶ村用水によって水田を耕作している村々の水田面積によって人足などの数が定められた。各村々の一年間に出た人足の数は平均して上牧村一一六一人・下牧村八八七人・後閑村二〇七四人・師村一六五八人とあり、総数は五七八〇人となっていたが、天保六年（一八三五）の改修時には大きな修復のため割り出し人足の数は一万七千人という数になっている。

利根川は七月、八月、九月に発生する台風による大水や洪水によって下流一帯に大きな被害が出る。上流にダムが出来てからは大雨による洪水の被害も少なくなった。しかしダムができる前は大雨による利根川の洪水は年に何度か発生した。流れてくる濁流によって山の木が大小を問わず流れてくる。濁流にのって流れてくる大木が利根川の真ん中近くまで築かれている取水枠を流してしまう。このため修復工事には四ヶ村より大勢の人たちが出て修復に当たった。

粗朶引き

用水から田に水を引くことは米作りの基本であり、田に稲が植えられれば農民は一日たりとも休むことなく、田の水の様子を見るのが務めであった。

しかし、その年の天候により雨も降らず日照りが続き利根川の水量も少なくなり流れも極端に少なくなると、四ヶ村用水の取水枠が利根川の中ほどまで築かれていても流れてくる水は限られていた。

その例を大正三年（一九一四）の後閑村の記録から引用すると、「七月大旱為メニ田植等モ大ニ遅延シ水引等ニモ多大ノ日子ト人夫ヲ要シ、区長位下各組伍長迄昼夜ノ別ナク出勤曳水ニ尽力セリ」。さらに翌大正四年の記録に、「本年六月ヨリ非常ノ旱魃ニテ田地ノ涸養ニ困難ヲ極メ殊ニ奈女沢入口ノ如キモ再三ノ掘割ヲ為シ莫大ノ人夫并ニ金圓ヲ要シ且ツ区長以下各伍長ニ至ル迄凡一週間ノ水引或ハ番水ヲ以テ順次潅漑セシメタリ」とある。さらに大正も終わりに近くなった十三年の記事には「……仝年六月十八日より八月三十一日頃迄連日の旱にて降雨更に無く山沢は渇水し井戸及池水は場所により一滴の水無きに至り是れ為用水は村中惣出に而水引をなす、未曾有の渇水たるにより義務人足として無料にて水引を為したる日も夛かりしが堰人足割費実に金壱千百四拾壱円余の割出し為すに至る……」。この大正十三年の田植えの頃から稲の生育に最も大切な時期である七月から八月、記録によれば七十日余の大干ばつが続き、農家で使っている井戸の水も涸れてしまったと伝えられている。

上牧・下牧・後閑・師の四カ村で後閑村は四ヶ村用水に大きく頼っていた。渇水が続き用水堰を流れる水が流れなくなった時の最後の方策があった。

昭和二十四年（一九四九）の記録に「本年度は特に旱天にて水不足となり、粗朶山を買い諏訪の沢より不動沢迄一日四回弐拾人位にて一週間水引きを行ひ各役人にて水かけをなす、それが為に県・地方事務所及び新聞記者等来村なし当時新聞を賑はしたり」、雨が降らず幾日も日照りが続くと水源となる利根川の水位が下がり、四ヶ村用水の取水口から利根川からの水を引くことが次第に困難になってくる。水不足で大きな影響を受けるのは四ヶ村用水の流末にあたる師村で次に後閑村であった。利根川の水量が少なくなり、さらに四ヶ村を取り巻く山々からの沢水もほとんど流れなくなると、田に植えた稲はどうなるか、水がなければ次第に稲は弱り枯れてしまう。ここで水田に稲を植えてある農家が集まり用水堰の落差のほとんど見られない水引きをどうするか、昔から渇水の時の最後の手段として四ヶ村用水だけに限られていると思われるが「粗朶引き」を実施した。

「粗朶・そだ」という語を辞書で引くと「切り取った木の枝」とある。粗朶山というのは大きな木は生えていない、二mから三mの雑木林である。その林の中から二mほどの雑木を根元から切り、木の中ほどくらいまでは小枝を切り先端は葉を付けて、木の元の部分から三分の一くらいまでを直径二〇から二五cmほどの束をしっかり作り、そのまま用水堰の中に入れ縄を肩にかけて泥水の溜まっている用水堰の中に入り流れの方向に引いて行く。粗朶を引いた用水路はきれいになり泥水が流れてくる。この流れが弱くなると二番目の粗朶が引かれ、約一週間も粗朶引きが続き水田への水引きが行われた。粗朶引きによって引かれてきた貴重な水は個人が自分の水田に入れることはできなかった。「役人水」といわれ昭和三十年代の後半まで続いたのは四ヶ村堰の役員として区長・伍長といった村の役を持っている人たちが出て水田を見て回り最も水を早急に入れなければならない田に優先的に水を入れた。

この粗朶引きに出る農家の人たちは比較的若い人たちが出て泥と汗にまみれて定められた区域を粗朶を引いた。この粗朶引きは大変な重労働であった。この古い粗朶引きによる水引きの方法は、この頃この四ヶ村用水だけに見られるために、県庁・利根地方事務所からも粗朶引きの実態を見るために来村し、新聞記者も来村し新聞に写真が載った。

小松発電所の設置と四ヶ村用水

大正十一年（一九二二）の記録の中に新たに発電所（現・みなかみ町上牧）が設置され、利根川の水を発電のために取り入れたところ、四ヶ村用水の水が激減した経緯が記されている。それによると、「大正拾壱年末工事竣成せし小松発電所発電動力に要する水量を水上村大字幸知に取入口を設け利根川本流全部を引入之が為下流の水全く減水し水田潅漑に際し四ヶ村用水堰、奈女沢取入口は三角枠を連立し利根川流水を締切るも些少の水を引入るる能はず斯ては四ヶ大字に渉る約百町歩の水田は全く不毛の地となるべく一同憂慮の余り総代人を以て曩に工事許可の際本県知事より諮問に対し本村よりの答申に基づき県庁へ出頭し陳情をなし夫より前橋支店へ交渉し用水取水口工事の施設を請求するも支店長は言を左右に托し不誠意にも徒に時日を遷延せるのみにて之が決行を見る能はず因て今井代議士を介し更に東京本社に出張し若尾副社長・広瀬建設課長に会見し工事施設の方法を協議せしに早速快諾ありて直に技師を派遣し総代人立会いに現場篤と調査を遂げ潅漑に毫も不便を来さざる様完全なる工事を為す事に決せり……」とある。この記録の中に、「本県知事より諮問に対し本村よりの答申に基き県庁へ出頭し陳情をなし……前橋支店へ交渉し……支店長は言を左右に托し不誠意にも……」とあり、九十年余前の農村からの陳情とか訴えというものに対してとった様子がうかがい知れる。しかし、東京本社に出て解決したのはこの発電所の工事が始まる前に村の議会が「利根川通り本村奈女沢より引入れる四ヶ村用水の潅漑に聊も不都合を生ぜしめざること」という条件が発電会社に渡されていた。この条件書があったために改修工事が急がれ、大正十二年には修復完成したといわれている。

四ヶ村用水の完成と開田

真田信政によって始まった四ヶ村用水堰の開削工事は承応元年（一六五二）に完成し、各村々（特に後閑村・師村）では水田の開発が急速に行われたと思われる。

四ヶ村用水の完成によって村高は増加するが、信政は沼田藩主となって四年後の寛永二十年（一六四三）に沼田領の検地を実施し、内高として四万二千石を打ち出した。四ヶ村を村別にみると上牧村三一一石、下牧村二八二石、後閑村三〇五石、師村二三二石で四カ村の合計は一一三〇石となっている。

寛永二十年から四三年を経た貞享三年（一六八六）真田氏の改易後幕府は前橋藩に命じて真田領の再検地を実施した（貞享の検地）。この検地の結果はどうであったかというと、上牧村三四五石、下牧村二七二石、後閑村六三六石、師村五〇八石、四カ村の合計は一七六三石となり、寛永の検地より六三三石も増加している。さらに村別にみると上牧村と下牧村はあまり変化はないが、師村は二七六石、後閑村は三三一石と増加を示している。師村は四ヶ村用水の影響もあったと思われるが、師村の背後にある三峰山に溜池があり真田氏時代に造られ、その溜池の利用が大きかったことも考えられる。

四ヶ村用水の完成によって新たに水田が開かれ、特に後閑村の場合は村高三〇五石余であったのが、用水完成後は六三六石と倍の石高になった。

おわりに

四ヶ村用水が完成してから三六〇年余の年月が過ぎ去った。戦国時代より近世へと移り徳川政権の下で各大名は与えられた封地からの石高を増すことが大きな念願であった。

沼田真田氏の場合は沼田藩成立の当初から他の藩とは違って高禄の家臣を多く抱えていたため、それの対応策も当然考えられ、その一つが四ヶ村用水をはじめとする用水工事であったと思われる。

四ヶ村用水三百年余の歴史の中で台風による大雨や洪水によって何十回となく用水の取水口の破損と修復、土砂崩れ、幾日も日照りが続き夜を徹しての用水への水引き、さらに粗朶引きなど、秋の収穫を祈りつつ用水を守ってきた農民の姿がしのばれる。

江戸時代の中期から明治の初期にかけての上牧・下牧・後閑・師の戸数はどうであったかというと平均して四ヶ村で五五〇戸くらいと思われる

天保六年（一八三五）の用水の修復工事には一万七千人が動員され、さらに天保六年から一二年後の弘化四年（一八四七）には利根川からの取水口をはじめとする修復工事、用水路に溜まった土砂の除去作業などに一万七九一一人が出ている。

観音沢の箱橋水路

水田の稲を守るために用水の修復や保護にはどんな困難な状況にあっても立ち向かっていった農民たちであった。これは四ヶ村用水に限ったことではない。特に利根・沼田地方は山が多く、その山の麓にも小さな水田がいくつもあり用水路がある。機械力の全くなかった時代にどのようにして水田を開き用水路を造ったのだろうか。四ヶ村用水もいまだ解明されてない面が残されている。

三六〇年余の長い間、村々の水田を潤してきた四ヶ村用水を守り保護に力を傾けてきた村人の尊い歴史の跡をたどり後世に伝えていくことが大切である。

［渋谷　浩］

「参考文献」
『後閑村の記録』「四ヶ村用水関係文書」『後閑村永々録』『古馬牧村史』「上野国沼田領品々覚書」

第六章　間歩用水 ―吾妻郡中之条町―

一、真田氏と用水開削

天正（てんしょう）一八年（一五九〇）の豊臣政権樹立によって真田氏沼田藩が公認された。藩領域は上野国の北半分近くになるが、石高（こくだか）は二万七千石であった。大名というより小名という方がふさわしい。戦国末期に沼田領と呼ばれた領域のほとんどは、上越国境から上信国境へ延びる関東山地の南麓で、ほとんど森林ばかりである。石高制を基準にした近世の経済社会にあって、田が極めて少ない真田氏沼田藩にとって、耕地拡張政策は至上命題であったのではないだろうか。大げさのようだが悲願にも似た課題だったのかもしれない。

しかし信之の代は、沼田城の築城、城下の町割、宿駅や街道の整備などに追われたほか、田畑を捨て他領へ逃亡した農民の呼び戻しや荒れ地の復興などもあり、新田開発にまで手が回らない状況であった。慶長（けいちょう）五年（一六〇〇）には関ヶ原の戦いがあり、その後は災害や凶作への対応に負担が続いた。ようやく耕地開発に着手したのは、大坂の役の後、元和（げんな）二年（一六一六）に完成祝いをした沼須（ぬます）新田以後のようである（「大鋒院殿御事蹟稿」）。

その後信之は、上田藩の復興と経営に専念すべく、嫡子の信吉を沼田藩主として自らは上田に移った。沼田藩の実質的な耕地開発は信吉の代から本格化したといえる。元和九年に川場用水の開削工事を始めたことがそれを象徴している（川場村、谷地区有文書）。信吉の開発政策を飛躍的に推し進めたのが、四代藩主となった弟の信政であろう。信政については開発狂と称した著述も見られるが、実は信政の跡を継いだ信利の方が、開いた新田も用水もはるかに多い。これまでに刊行された利根郡、吾妻郡の自治体誌から拾う用水だけで信政の代が二一件、信利の代が三七件である。**（第四章参照）**

茂左衛門の直訴により幕府に改易された暴君のイメージをもつ伊賀守信利が、耕地の拡張と民力の涵養に最も努めたことになる。この事実をどう理解したらよいのだろうか。問題を解く鍵は、信利の治世の全容を明らかにすることである。

二、間歩用水の開削年代

『中之条町誌』第一巻（昭和五十一年）には、間歩堰は承応年間に開削されて三〇haを潤し、岡登景能が開いた岡崎用水と並んで吾妻の二大用水と書かれている。しかし『群馬県吾妻郡誌』（昭和四年）では「天和の頃、領主真田伊賀守の開鑿にかかる」とあるので、『中之条町誌』編さん時に開削年代が訂正されたようである。

これは『真田藩政と吾妻郡』（昭和四十九年）を著した山口武夫氏の研究が母体となる見解とみられるが、同書では「承応三年早々に工事は始められ、信政が松代入部の直前ごろ、明暦二年にはおそらく工事の完成をみたものであろう」と述べているので、『中之条町誌』の「承応年間に開鑿」されたという記述は、山口氏が指摘した明暦二年より二〜三年さかのぼることになる。間歩堰について書かれた最も新しい出版物は『間歩堰用水誌』（平成五年）である。開削の背景や経緯などは『中之条町誌』を参考に編集し、中にはそのまま引用している部分もあるが原典となる史料も収めている。

同書によると、明暦元年（一六五五）十一月に、用水を引いた伊勢町から、用水に土地を提供した横尾村へ「堰代」として上畠三反歩と下畠四反六畝を納めている。用水で潰れた田畑や畦畔の支弁と考えられるので、その頃には用水の流路や面積が把握できたのであろう。以上のことから、間歩用水は明暦元年暮れから二年初頭にかけて完成したと考えられる。

国道 353 号の路肩に立つ間歩用水の看板

三、取水と流路

『吾妻郡誌』は名久田川から取水とあるが、『中之条町誌』その他はすべて赤坂川からの取水となっている。『間歩堰用水誌』によれば、取水口の変更は大正元年（一九一二）八月

名久田川からの取水（取水口近く）

であるという。「吾妻温泉馬車軌道株式会社が経営する横尾の発電所用水を確保するため、水量の豊富な名久田川から引水するようにした」とある。また「改修工事の思い出」では「昭和の中頃までは、赤坂川と名久田川の両方から取水していたが、同十年の大水害で赤坂川からの水路が流失した。名久田川の川原に仮道を設けて復旧工事が行われたが大変な難工事であった」と述べている。この工事で名久田川からの取水口が改善され、さらに水量が増えたのだろう。

江戸時代までの水源は赤坂川で字矢場の岩壁の下から取水し、一里二三丁（六四三七m）の距離を次のように流れた。

矢場取水口―栃瀬―七日市―伊勢町裏（上の町）＜町の中へ／南に広がる水田へ

四、開削工事

利根郡下の四ケ村用水は、後閑村（ごかん）（旧月夜野町）の増田氏らが真田信政に開削の許可を願って工事を始めたという（『古馬牧村史』）。間歩用水の開削工事は、伊勢町の庄屋だった青柳源右衛門が、沼田藩に生活用水と田用水の引水を願い、それが許可されて始まったとされる（『間歩堰用水誌』など）。両方とも信政の代で、村人からの願いを沼田藩が許可し、工事を援助した例である。

間歩用水が難工事だったのを容易に想像させる記述が、明治四十二年（一九〇九）に県へ提出された「伊勢町誌」に次のようにある。「承応年中真田氏領知ノ時、本町ノ艮ノ方向、同郡赤坂村ニ的場堤ヲ築キ、中山川ヲ引キ赤坂川ニ客シ、又間歩堤ヲ築キ其水路ヲ引ク、其横尾村ニ至ルヤ洞穴十三ケ所ヲ穿チ、以テ水流ヲ通ス、（中略）長壱里二十三丁、長路壱里廿五丁、費用民ニ属ス、本村及中野条町両村ノ用水ナリ」

土手や岩に穴をくりぬいた場所が一三カ所あるという。掘削作業中に崩れないようにする工夫や用具を揃えるのが一通りでなかったろうと思われる。元禄五年（一六九二）の「中之条村指出明細帳」には、「間歩十六、掛樋一カ所長さ四間半、横四尺・深さ二尺三寸、堤六カ所一カ所長二十六間、二カ所長十三間宛、三カ所長二間宛」とあるという（『間歩堰用水誌』）。明和六年（一七六九）に作成された「吾妻郡中野条町、伊勢町用水路御普請所絵図」には、切貫岩といわれる難所に九つの間歩（洞穴）が見える（中之条町役場文書）。全部で一六カ所とすれば、よそにあと六カ所掘ったことになる。

切貫岩の九カ所は、長さ二三五間（約四二五m）の間に掘ってあるので、一つ一つの間歩を掘る作業では、勾配の判断が特に重要だったことが想像できる。利根郡の白沢用水、川場用水、四カ村用水などの開削工事では、夜間に提灯（ちょうちん）を持った村人が水路に沿って並んだという「提灯測量」が伝承されている。間歩用水でもその伝承があるというが、絵図を

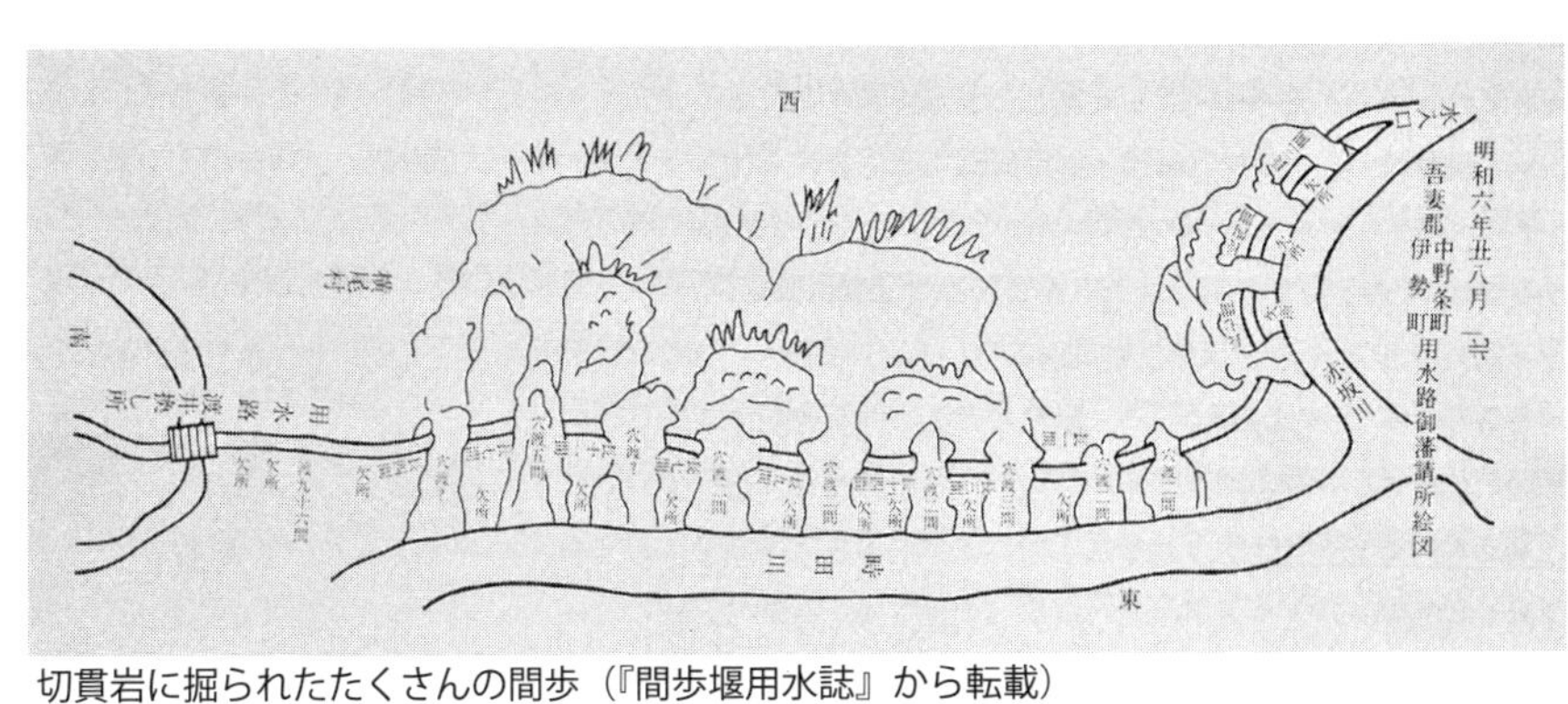

切貫岩に掘られたたくさんの間歩（『間歩堰用水誌』から転載）

見る限りでは断崖になっており、人が立って並べるような場所ではないように見える。違った工夫で勾配を測量したのかもしれない。

掛樋（かけひ）は、用水を沢や窪地を通す際にどうしても必要になる樋（とい）のことである。だいたいは松の大木を挽（ひ）いて必要な長さの板を造った。また斜面に水路を通すには両側の土が崩れないように水路の横に板を当てた。多くの大木を必要としたのである。『間歩堰用水誌』によれば、用材は沼田藩が利根郡の奥地藤原村から下げ渡し、石切道具も人足の扶持米も藩が出したという。

また天和元年（一六八一）に修理した際にも沼田藩の用材援助があったとされる。藤原村の御林（おはやし）から切り出した檜を使い、人足は吾妻郡下の村々から広く集められたとある。しかし、この記録をそのままうのみにすることはできない。

天和元年の二月・三月は、沼田藩が調達して江戸へ届けるはずの両国橋用材を切り出すのに、家臣も村から雇った人足も大忙しであった。それに前年秋からの飢饉で村々の困窮が深まっていた。両国橋の用材が期限に間に合わず、信利に謹慎が言い渡されたのは十月である。そのような状況で沼田藩が間歩用水の改修工事を援助できたとは考えられない。『間歩堰用水誌』の編集者も指摘したように、原

間歩（横穴）の跡

史料の「伊勢町覚書」には、覚書によくある筆者の勘違いや、取り違いと思われる明らかな間違いが認められる。しかし信利の代は二四〜五年に及んだので、その間に改修工事があった可能性は高い。開削当時は素掘の水路が多かったと思われるので、毎年少しずつ補修しても、洪水で押し流されれば大規模な復旧か改修工事が行われたはずである。

天和二年正月に沼田領請取の代官に提出された「沼田領郷村品々記録」には、中野条堰（間歩用水）等七つ堰が、「諸事入用竹木等迄伊賀方より出シ申候」と、経費と資材を藩が負担したことが述べられている（『群馬県史資料編12』）。信利は、間歩用水の補強改修工事を沼田藩の事業として行い、人足の労賃や資材を負担したのである。

五、間歩用水の保存を

江戸時代の補修、改修工事は、想像がつかないほどの困難があったはずである。それでも先人たちは、その時々に困難と闘い、克服し乗り越えてきた。偉業というのはそうした

伊勢町上の段

伊勢町近く

積み重ねの結果をいうのだろう。地域に暮らす人々が、暮らしを守り、家族を守り、村を守る意識を共有し力を合わせた所産である。だからこそ工事をなし遂げた喜びも大きく、用水を守る意識が次世代へと継承されてきたのであろう。間歩用水は、人が力を合わせることの大切さを如実に語り、人の生き方を考えさせる貴重な精神遺産でもある。

また間歩用水は、中之条伊勢町の生活用水としてだけでなく、五穀を粉に引く水車の原動力や防火用水にも使われた。また子どものよき遊び場でもあったように、堰を取り巻く景観と水の流れが人々の心を潤した。そこに生まれ育ち幾星霜を生きた人々には、懐かしく思い出す出来事や光景があるはずである。水路掃除や草刈りなどの共同作業さえも、振り返れば懸命に生きた証しとなって胸を満たす。間歩用水は、時を超えて人の生き方を考えさせてくれる。歴史的な農業遺産の枠を超えた、先人たちの価値ある文化財といえるのではないだろうか。

［藤井茂樹］

第七章　三字用水、奈良用水

一、岡谷用水（三字用水の一つ）

1　文献に見える岡谷用水

（1）『池田村史』＊記述を一部修正

◎農業　水利

岡谷用水（女坂＝三字用水の一つ、他の二字は戸神、町田用水）は沼田領主真田伊賀守の時代、寛文元年（一六六一）九月二三日に起工し同二年四月竣工したもので、字中発知小字「反り」から発知川を堰き上げて、発知新田と下発知の西方山沿いを通過して岡谷に至り、水田の灌漑と飲用水に使う。その下流は、薄根地区の戸神、町田を潤して四釜川に合流する。この延長一四四〇間である。

◎岡谷の宿割及び真田八宿

今を去る約三百年の昔、沼田城主真田伊賀守の時、その家臣に命じて岡谷村他二カ村の用水として中発知村の発知川から上水し、発知新田、下発知村を通過して岡谷村に至る長さ三八二〇mの女坂堰の新普請を行い、岡谷宿に中堰を造り、その下流は町田村に至り、なお下沼田村へ流下して薄根川に流れ入るものである。寛文元年に着工し寛文二年中に完成したという。寛文三年には新屋敷割を行い、奉行上野次右衛門が新間入なし岡谷宿東西七〇〇m、屋敷数六八、この反別は八町二反八畝九歩、他に当時社堂の敷地一反三畝歩余りは除地となっている。これらはその当時社堂の現存する場所を除地としたものである。岡谷村の所々に散在した民家を、その宿割につかせたので、一両年のうちに皆新屋敷に移ったようであるが、貞享三年（一六八六）九月調の「岡野谷村水帳」によれば当時の居住者名が明記してある。「真田の八宿」といって、その前後に開発された宿村は次の通りである。

生品、湯原、沼須、森下、真庭、月夜野、須川と岡谷がそれである。

（2）『岡谷記』

明治四十年（一九〇七）生まれの大島三夫氏が、昭和二十六年（一九五一）ごろ著した地誌であるが、『池田村史』にも郷土史家として名を残している大島氏の力作であるだけに、『岡谷記』の内容には詳細な部分も触れられている。

「岡谷堰」

岡の谷原には未だ人家はない。黒沢に三十戸位、三九〇年前の寛文元年九月着工。翌年六月通水。真田伊賀守の臣上野冶右衛門、黒沢に陣屋を置き、中発知の萬屋裏手、発知川を揚水、下沼田迄。当時の工事、測量の苦心は如何ばかりなりけん。昼は煙を上げて竹筒にて落差を見定め、夜は提灯を十程並べ、水平を見。したがって夜が多かった。堰の功労者、上野次右衛門は伊賀守改易後、浪人し、岡の谷下宿に住み、此処で終生。遺骸は大雲寺に葬られたと言う。道純和尚と調べたが、その位牌は詳らなかった。子孫は永く続かない様だ。

岡谷宿八町　一町六十間　一里は三十六丁

真田八宿　岡野谷、生品、湯原、下沼須、森下、真庭、月夜野、須川　これ皆中堰　屋敷割

伊賀守改易後、前橋城より沼田代官竹村惣左衛門、島村惣左衛門の二人、田畑整理見直し検地、年貢引き下げ。当時、下沼田長谷川権之丞宅を陣屋。岡谷の整理役人、細井浅衛他四人。

堰は道の真中を流れて居たものを明治四十四年北側へ通す。

2　現地踏査による岡谷用水

現地踏査報告の前に、用水路の全容を図面で紹介したい。
発知川（中央）／岡谷用水（左側）／奈良用水（右側）

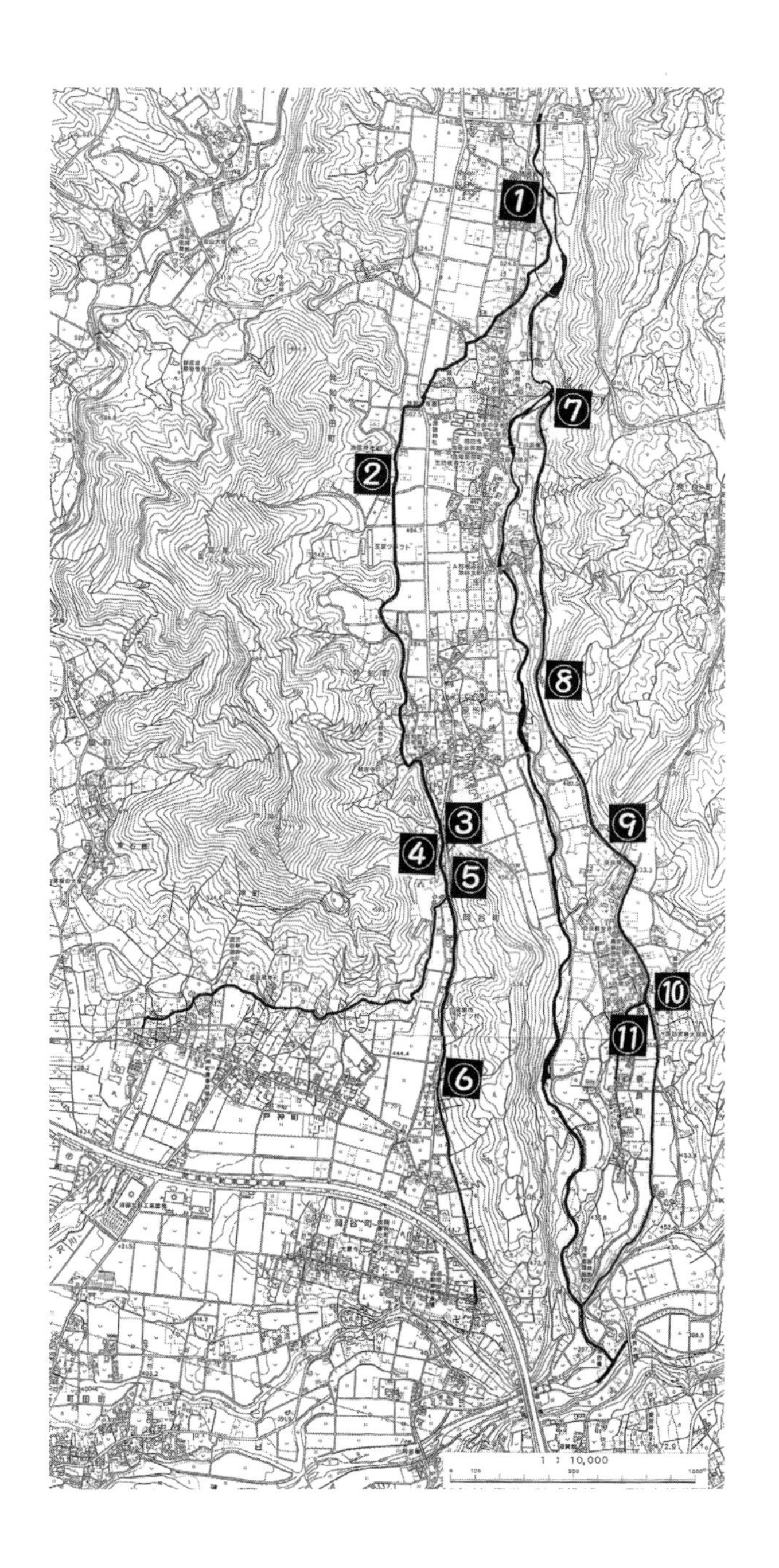

（1）岡谷用水　現地

①

発知川からの取水堰堤堰より左側土手の左に用水路

◎写真右側の田畑からは現地への道はない。

◎現在の堰堤より下流五〇mほどの所に、過去の堰堤らしき残骸が見える。川底の堆積物により取水困難となり、上流に堰堤を再構築したものと思う。

②

池田中学校西方山際から阿難坂方面を遠望

◎左側の田用水は別ルートの発知新田用水により耕作。

③

発知谷への入口（阿難坂）

◎どうみても逆流に見える？

④

◎碑文は、一四八頁に現代文あり。

坂頂上に建つ『女坂堰記念碑』

⑤

右側が戸神・町田方面

分水路を上流から見る

⑥

岡谷宿手前の十二様神社西の山際

（2）女坂堰記念碑

女坂堰は俗に伊賀堰又は真田用水と呼ばれており沼田領主真田伊賀守の時代に発知川より中発知村にて取水し発知新田村及び下発知村の西山添いを通り岡野谷村戸神村及び町田村の三ヶ村の田地三十五町歩余の灌漑と飲料水として開設され延長は二千百間（三八一八m）の用水路である　この堰は寛文元年九月に起工し多大なる労苦を重ね竣工したのであり今より三百二十二年前のことである

その当時の測量は夜間堰の上流から下発知村までの予定地点の各所に提灯を灯し対岸の奈良山より高低を測り水路の位置を定めたと言われている　施工に当っては箱樋や片樋を用い女坂峠にはトンネル　縦坑及び深堀を作るという難工事であった

多大の経費と労力によって完成した女坂堰も年を経るに従い老朽化し風水害等の被害もあって三ヶ村の農民は毎年のごとく修復工事を行ない用水路の維持に努力して来た　たまたま大東亜戦争が始まり農民は食糧確保の重責を負いて銃後の守りに専念したが戦争に依る労力不足と物資の欠乏のため用水路の維持も困難になって来た　戦後も食糧不足は愈々深刻を極め益々食糧増産に拍車が加わって来たが沼田市の補修用資材の助成を受けて改修工事も毎年行って来た　なお昭和五十年四月東京電力玉原発電工事に伴う補償費を受け更に国より団体営灌漑排水整備事業の指定を受けて毎年改修を行ない昭和五十九年三月完成を見たのである　この度先祖の人々の血のにじみ出る様な労苦と沼田代々の領主並びに国県及び市の御援助に感謝すると共に今日ある幸を思い起して　ここに同志と相謀り先人の

大偉業を讃え記念碑を建立するものなり
昭和五十九年三月吉日
女坂堰記念碑建設委員会
撰文併書　高橋湖堂

（3）岡谷用水により拓かれた岡谷宿

岡谷宿は沼田市街地と迦葉山を結ぶバス路線が南北に走る県道に対し、東西に岡谷の宿を流れ、現在もその形態をとどめている。それは宿の東側終点は丁の字の交差点、西側終点は鍵の手の交差点として、訪れた者はすぐに宿の全容を見ることができる。そして、その延長は六〇〇m。その距離は沼田市街地中心部の上之町から下之町までの六〇〇mとぴったり一致する。六〇〇mの根拠については諸説あるようだが、少し調べてみただけでも中山道馬籠宿をはじめ、高山市など八カ所の宿場が拾い上げられた。真田氏もその大きな根拠に基づいた宿割をしたという証拠が残る岡谷宿。宿の真ん中を流れた用水は現在は北側へ移されてはいるものの、宿全体を俯瞰できる格好の生きた歴史遺産である。

二、奈良用水

1　文献に見える奈良用水

（1）『池田村史』＊記述を一部修正

◎奈良用水路

これも岡谷堰と同時に伊賀守時代のものと推察される。というのは一六八八年元禄元年に内藤式部少輔の時代、従来の板樋を用いて流していたものを、内藤式部の補助で大岩を掘り抜き隧道に変更した記録もあり、元禄以前に竣工したものと考えられる。水路は発知新田の御五位淵の上から、発知川を堰き上げて、薗を経て奈良まで引き、飲用水と田用水に使われる。延長は二二〇〇間である。

（2）『蒼新好　池田小学校東分校統合学制発布百年記念』

明治七年（一八七四）十二月に開校した。学校名については文献も見当たらないが、おそらく風流文学に没頭していた左部善兵衛氏であろうと想像されている。

あおによし　ならのみやこは　さくはなの　にほうがごとくいまさかりなり

蒼新好とは奈良を歌う枕言葉である。

この土地が大和の奈良によく似ているところから命名したものと伝えられている。

真田伊賀守の時代、寛文年間に岡谷外四カ村の用水堰が完成した後、奈良村用水も計画され字発知新田地内から蘭を経て大林を通水路にし、延長二二〇〇間に及ぶ工事で奈良地内に堰を設けて飲用水を使い、なお水田を開拓して米の増収を図り、そのために今まで発知川沿いにあった民家も次第に現在の場所に移り住むようになった。

用水路が完成して以来水田の増加によって石高も増した。

2　現地踏査による奈良用水

奈良用水　現地

⑦

発知新田町竜淵寺すぐ東の発知川よりの取水堰堤と取水口

◎落ち葉や崩れ石を防ぐための屋根

⑧

奈良町蘭を過ぎ、通称お林手前

◎この位置で、取水口から一㎞川よりの高低差約二〇m

⑨

大倉川横断手前

◎大倉川を横断するため、コンクリート枡で流速、流量を調整し、ヒューム管で横断。

⑩

写真⑨から下流約 600 m

前面に広がる田地帯。左側道路沿は水量少ない。

⑪

写真⑩から下流約 100 m

◎No.⑩から右に入った道を逆方向から撮影。

◎この田園地帯は土地改良事業により、旧態をほとんど残していない。

三、用水調べの取り組み

1　沼田の水を考える会発足

①平成十七年（二〇〇五）四月十四日、郷土史研究家の金井竹徳先生の声掛けにより、「沼田の水を考える会」が発足し、白沢用水・川場用水・四ヶ村用水・押野用水などの利根沼田用水について、取入口から用水をたどる現地見学会を開催し、四〇数人の賛同者を得て、さらに県内の主だった用水、郡上八幡への見学会などと、用水に関しての知識吸収を重ねていった。

②現地見学会を通し、視覚的資料・広報的資料の必要性に迫られ、「城堀川の水みち」（A3判見開き）を作成し、好評を得た。

③現地見学会での情報から、「延宝五年の沼田城町割」の図面の複製許可を得、関係者への配布を行い、真田時代に開かれた用水という意識付けを広められた。

④現地見学会により、用水の汚れにも目が向き、年一回ではあるが城堀川用水の清掃作業を実施した。

⑤清掃作業により、環境団体としての位置付けを得たようで、その後は、市の環境フェスティバルへの常連出展とつながっている。

2　学校からの郷土学習講師の依頼に応えて

池田小学校児童、教諭による調査研究

平成二十七年度沼田市教育研究所での小学校班の研究テーマで、「総合的な学習の時間における探求的な『町と真田の学習』を通して」研究を行うにあたり、研究者である三人の小学校教諭と共に、沼田に残る真田についての研究会を開いた。この時までの「真田」に対するイメージ、沼田に残る「真田」というものは、戦国武将の一人、沼田にはお墓しか残っていない。そう思っている人が大多数であり、町中に残る街並みやましてや用水路に目を向ける人は、一部の人以外ほとんどいなかったといえる。本研究の成果は、今まで眠っていた「真田遺産」について、世に知らしめすとともに、児童にも興味を抱かせた大きな成果が残ったものであった。研究紀要には、

「児童にとって身近な用水路に着目する。本校周辺には、真田氏によって引かれた二本の用水路（奈良用水・三字用水）があり、それぞれが児童にとって登下校時に当たり前に見る光景である。それがおよそ四百年も前に造られたことを知ることで、用水路を整備した真田氏に対して関心をもてるようにする。また、用水路を四百年の間、管理し残してきた先人の苦労や努力についても触れ、社会科『沼田市の発展に尽くした人々』にもつなげたい」

また、この研究を行った四年生児童からも多くの感想が寄せられ、本研究の成果に花を添えた。それは、

◎四百年も用水のせきざらいをしてきた。用水が残り続けている理由は、年に二回のせき

ざらいです。つまった草、どろなどを整理します。電気製品は使えません。そのためフォーク、スコップを使っています。

◎地区ごとの水の量は決まっています。どこの地区も田植えは同じなので水が少ないと水争いが多かったです。水がどこの地区にも同じに行くように見回りがあったのです。

◎楽しかったこと、びっくりしたことがあったけど、まだまだ用水をやりたいです。

◎用水のことを調べてきて、四百年前の用水は今も残ってきて役立っているので大切に守っていきたいです。

これらの発表は、学校内だけでなく、地元FM-OZEの協力により、特別コーナーをつくっていただき、地域の人へ児童から放送できたことは、大きな成果となり、児童にとっても達成感があったとの感想もあった。

沼田小学校・川田小学校などからも郷土学習、とりわけ「真田と用水」についての郷土学習講師の依頼に応え、現地見学を行うとともに、学習を行った。

平成二十七年度、市教育員会主催による「真田の殿様が築いた沼田を知る」事業により、夏休み中に二回の現地見学会と、小学校四年生全生徒へのガイドマップ配布により、郷土学習の中の用水という位置付けがなされた。

3　NHKほっとぐんま640

NHK前橋放送局により、平成二十七年十月十五日放送となった「真田の足跡」についいての内容の大部分について、用水にスポットを当てた内容を放送していただき、反響を得ることができた。

4　NHKブラタモリ

NHK全国放送により、「真田信之の街づくり」にスポットを当てていただき、用水に大きな注目を集めることができた。下見では、川場用水でも時間を割いた収録を行ったが、現地への入り口が民有地畑だったためか、その部分がほとんどカットされてしまったことが残念であった。

5　真田用水研究会

平成二十七年十二月に発足した「真田用水研究会」は、川場用水を皮切りに、四ヶ村用水、押野堰、そして岡谷用水、奈良用水、沼須用水と現地調査を深め、その研究を掘り下げてきた。これまでの用水にまつわるいろいろな活動は、記録として残されたものが非常に少なく、後世へのバトンを伝えるために、本研究会が大きな役割を担うものと期待したい。

6　郷土誌『沼田城』の記事から

昭和三十六年（一九六一）発行の郷土誌の魁である『沼田城』に「用水研究に一生を打込んだ、郷土研究家○○の△△氏」と紹介されている。○○村誌編さん時には、その貴重な成果の多くが、ボタンの掛け違いか、一つの論文しか入っておらず、研究成果の多くは△△家の蔵に現在も眠っているとのことである。この史料の確認が行われ、多くの史実が発見されることにより、用水研究の土台が再構築されるものと思われる。

7　新たなる現地調査を含めた今後への展望

現在のレーザー測量を活用し、正確な用水図面の作成や提灯測量や木樋での実検などを通したイベント開催による、多くの用水好きをつくり、育て、これらの活動を通して、先祖の偉大さ、用水の大切さを伝え続けたい。

また、これまで述べてきたように、まだまだ先人の遺された貴重な史料が埋もれているだろうこともいわれている。さらに現地は現地として、そこに関係する住民が多くの労力と金銭などを負担しながら、守り続けていることも後世に伝えていく必要を強く感じる。

このように、用水に関わることを調べ始めたことに、刺激を受けたのか、手元に「真田時代の用水開発（大清水用水）」という最近作られたであろう、資料が舞い込んできた。主に旧月夜野町上組地区を流れる大清水用水の写真を含んだ用水図であり、このような活動が各地区、各地域で行われていけば、真田用水の全容解明と同時に、住民の関心が用水に向き、そして用水が大切に、大事に使われ続けられれば、これこそ、用水研究の醍醐味かもしれない。

［高山　正］

第八章　押野用水の開削と藩政改革

はじめに

江戸時代における泰平な世の継続は経済の発展を促した。

幕府や藩は新田の開発や商品作物の栽培・販売などに積極的に取り組むようになった。

表1に示すように、十七世紀後半と幕末に新田開発が集中していることが分かる。

そのうち正保期から正徳期までの開発には大規模な事業が多かった。

この時代、沼田藩は真田信政（四代）～信利（五代）の時代で、沼田藩も新田開発のために用水堰やため池の開削を行っている。

表1　江戸時代の新田関係工事件数

時代	件数
慶長～元和（一五九六～一六二四）	七三
寛永（一六二四～一六四三）	一一三
正保～明暦（一六四四～一六五七）	一三二
万治～延宝（一六五八～一六八〇）	一二一
天和～正徳（一六八一～一七一五）	二六一
享保～元文（一七一六～一七四〇）	八二
寛保～安永（一七四一～一七八〇）	一〇八
天明～享和（一七八一～一八〇三）	一〇〇
文化～文政（一八〇四～一八二九）	一八六
天保～嘉永（一八三〇～一八五三）	二六二
安政～慶応（一八五四～一八六七）	二四九
合計	一七七七

木村　礎「近世の新田村」より

その中に、左記の通り押野用水（須河せき）も含まれている。

天和元年（一六八一）「沼田領郷村品々記録」の堰場所
並入用之事に、「一滝田野堰　一岩室堰　一後閑堰　一女坂せき　一真庭堰　一須河せき
一中之条堰　これらの堰にかかる諸事入用の竹木等まで伊賀方より出し、人足並び
に扶持方は百姓役にしている…」（新治村誌　二六五頁）

押野堰は寛文三年（一六六三）、五代藩主伊賀守信利時代によって着手された。（寛文三年以前に着手されたという説もある。）

以来、三五〇年以上経過した今でも押野用水は東峰・須川地域における農業用水として利用・管理されている。

数年前から、東峰区民の有志が請負で管理するようになったが、以前は区長宅に当番表と水掛け札（現在は六枚）が用意され、当番は水路の整備やコサ切りなどを行いながら、所定の杭に札を掛けて取り入れ口まで徒歩で行く。次の当番は同じ作業を行い、札を回収してくる。

おそらく、時の経過とともに細かいところは変わっているであろうが、「水懸り用水番」の概要は現在とそれほど違わないであろう。

こうしたハード施設は時とともに忘れ去られ毀壊が進むのが一般的であるが、押野堰を

利用している農家の人たちにとって、いかに大切な堰であるかが分かる。

この押野堰の開削と維持管理、沼田藩の歴史的背景について考察していく。

一、押野用水に関する史料

押野用水に関する史料はそれほど多くは残されていない。

現在、その概要については、『須川記』や泰寧寺門前の「紀功碑」（大正三年）によるところが大きい。『須川記』は神代より十八世紀末までの須川に関する歴史が記されているが、年代や人物名など史実性に関しては信憑性が疑われる内容も含まれている。

しかし、押野用水に関する記述は、現在に至るまでこの『須川記』が基本的な史料とされてきている。

その他に、区有及び個人所有の文書がある。その中で、「河合雄一郎氏所蔵文書」（昭和五十五年に県立文書館に寄託）は閲覧可能である。

その中で押野用水に関する文書は、「（二五）押野堰用水懸り田反別帳（安永四―一七七五）」「（一〇四）乍恐以書付奉申上候（安永三）」」「（一五一）差出申一札之事（安永三）」「（一六七）御尋ニ付申上候書付（安永三）」「（一七五）乍恐以返答書奉申上候（安永三）」

「（一七六）乍恐以書付御訴訟奉申上候（安永三）」「（一七七）差上申一札之事（安永三）」「（一八一）相定一札之事（不詳）」「（一八九）為後証済口一札之事（宝暦十三ー一七六三）」の九点がある。

多くの文書が安永三年（一七七四）に書かれている。

二、「須川記」から（『新治村史料集』第一集）

第四十一　押堰掘り申事

「真田伊賀守様御代、寛文三卯の年（西暦千六百六十三年）八月上旬に押野堰掘はじめ、但しまきよせ迄掘候時、須川町市兵衛かや原吹出より堰掘可申と積り仕り候に付、峰より彦右衛門、半右衛門年寄共町へ参り何れの堰なりとも水上がり申が勝手と申候て、三ケ村より萱原堰一押野堰打拾（捨）人足出し申候。

日数八日堀申候へ供（共）、水あがり可様図（子）無御座候に付打捨申候。

翌年辰之三月朔日より彦右衛門、半右衛門大那にて押野堰思立掘申候。辰の五月二十八日に水落申候。其時須川町衆は水本ほそきとて打合不申候。峰村計りにて御公儀より、奉行に足軽角兵衛を借り、彦右衛門、半右衛門精を出し、堰成就仕五月廿八日に水落申田植付（仕）申候。前田は水なくして田植不都合候時彦右衛門、半右衛門両人心入にて、水少前田へ越可申候使以申候は、町中悦申にて覚入より堰を致し、前田へ水通し申候、但し麦の穂に出たるを刈たおし堰掘申候。水滝へおちて以来、町の衆は一身いたし候。但し五十三人にてつらぬき出し万事相勤申候」（利根川が読点や文字を修正）

堰入目注文之事

辰五月

一、金弐分　鉄買申候
一、拾俵半　此代五百廿四文　鍛冶炭買申候
一、四丁　此代壱貫弐百文　まさかり
一、壱貫八百五十八文　酒
一、三十三日　角兵衛　扶持
　　此扶持分壱分と四百五十文
一、三十七日　五郎左衛門扶持
　　此扶持分壱分六百四十四文
一、金壱分　八左衛門所へ宿料
一、金壱両と四百文　石や　半右衛門作料
一、金壱分と参百文　同　五郎左衛門出し申候

一、金壱分　　　　　　　　弥五右衛門出し申候
一、壱分弐百文　　　　右之　五郎左衛門出申候
　　　　　弐分五百文
一、金壱分　　　　　　右之　弥五右衛門に出す
　　　　弐分
一、金四百五十文　　　かぢ　孫左衛門に出す
一、百五十文　　　　　入須川かぢ
一、百文　　酒手入須川　　　伊右衛門

巳之三月
一、壱分　　　　　　　石や　半右衛門
　　合せて金五両と八百三十八文
　　此利銭　二両と六百七十八文
　　但し辰之五月より巳之七月迄勘定
　　右之外渡し口之覚
一、百文ハ　まさかりの代　　孫左衛門
一、百三文ハまさかりの代　　新兵衛
一、弐百文ハ平三郎所にてかり

石や　五郎右衛門にくれ

一、壱分ハ　矢倉之金　仁右衛門に渡す

合而壱分ト四百三文

反歩相違に付つらぬき返す覚

一、弐百廿七文　又右衛門

一、百七文　七郎左衛門

一、百三文　茂右衛門

一、拾弐文　甚右衛門

一、参拾弐文　佐左衛門

一、弐百三十文　勘左衛門

一、百七拾文　真如院

一、弐百十文　いわぶち新左衛門

壱貫百六十四文　（表記合計では一貫九十一文）

惣合八両ト百八十三文

堰入目巳四月より

一、壱両三分　石切り弐人かぢちんとも町より参り候

一、金弐分　ふち方

一、同壱分　くろがね

一、同三百八十四文　すみ
一、百文　たがね
弐両ト四百八十四文
右之子銭
一、金弐分弐百弐拾四文
合三両ト七百拾弐文　但し巳之極月迄之算用なり
峯町弐口合金拾壱両ト八百九十五文
反歩之覚
辰之年十一月廿一日　堰下
一、田拾五町七畝廿四歩　峰反歩
此掛　金七匁ト百文　堰下
一、田八町五段四畝壱歩　町反歩
此かけ
一、金参両三分ト百七十弐文
二口合拾壱匁ト弐拾弐文
但し壱反に付而京銭百七十文かけなり

三、「押野堰開鑿紀功碑」（『利根郡誌』「金石文 七十五」から）

紀功碑

大正三年（一九一四）、須川・東峰須川・西峰須川の有志三〇人が発起人となって、二二〇人の寄付により曹洞宗泰寧寺前に先人の功業を讃える碑を建てた。

紀功碑
富国之基在農業　而米作冠農業矣（かな）　往昔我村稲田憂灌漑之利乏　寛文三年半右衛門　彦右衛門　角兵衛　文右衛門傳拾郎　市兵衛　文左衛門。久之亟諸氏胥（みな）謀唱押野用水堰之開鑿　闔（こう）村和之戮（あわせ）力従事至翌四年水路四十餘町竣成。爾来二百五十餘星霜亦罔（なし）有旱魃洪水之患。於今子孫謳歌其功徳　而不忍忘　遂勒其事于（ここに）石以傳永久云爾（しかいう）

《（　）内は利根川が加筆》

大正三年甲寅十月

泰寧二十四葉　泰禅撰文
静　庵　田村玄策書

※闔村：すべての村／勒：刻む／云爾：というわけである

四、押野堰開鑿技術について（『新治村誌』三〇九頁参照）

押野堰は押野から東峰まで約一里の距離を山腹の斜面にほぼ水平に堰を築くという、当時としてはかなり高度な技術を要したといわれている。

この工事の主唱者である彦右衛門と半右衛門は沼田藩に技術者の派遣を申し出ている。二人の願いはかなない、足軽の角兵衛を技術者として迎えることができた。角兵衛は沼田藩が行った用水堰の工事に携わり、堰開鑿の技術を有していたと考えられている。

泰寧寺山門前

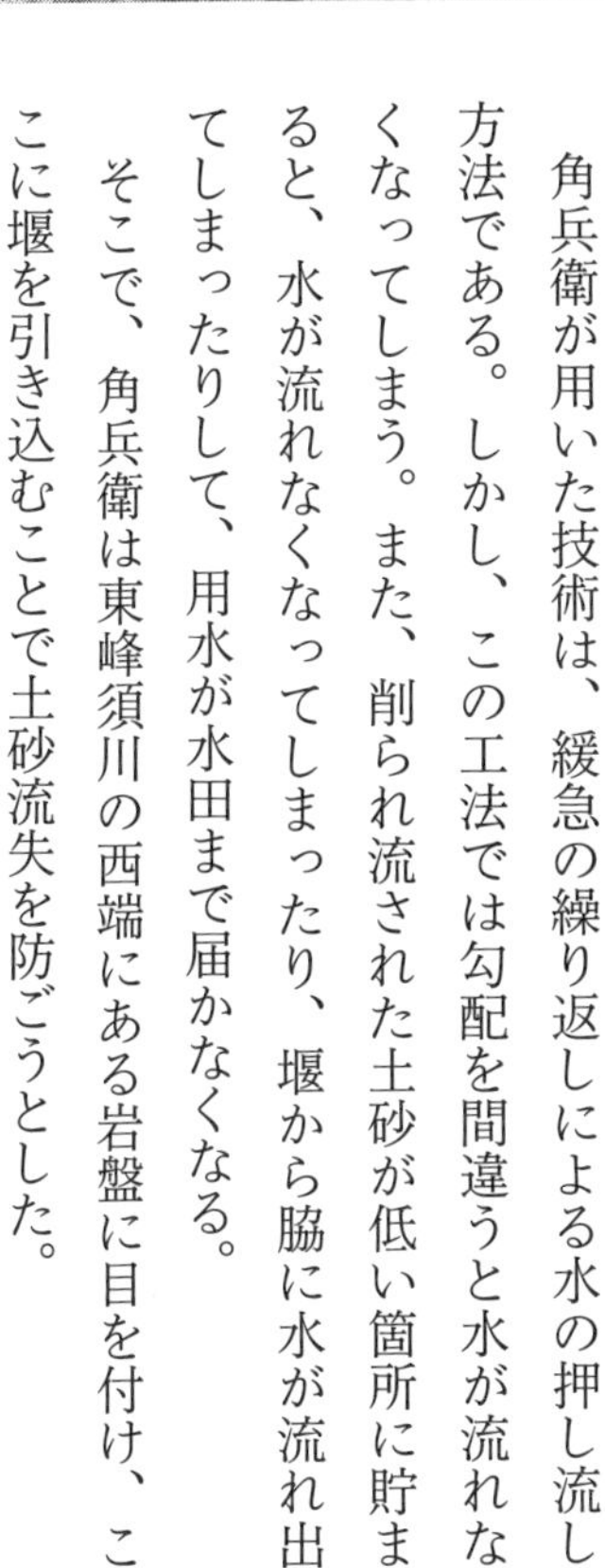

角兵衛が用いた技術は、緩急の繰り返しによる水の押し流し方法である。しかし、この工法では勾配を間違うと水が流れなくなってしまう。また、削られ流された土砂が低い箇所に貯まると、水が流れなくなってしまったり、堰から脇に水が流れ出てしまったりして、用水が水田まで届かなくなる。

そこで、角兵衛は東峰須川の西端にある岩盤に目を付け、ここに堰を引き込むことで土砂流失を防ごうとした。

そして、この岩盤から滝にして、一気に一〇m以上流れ落とすように設計した。この滝を不動滝という。

こうして、押野（標高約七四〇m）から不動滝（標高約七〇〇m）までほぼ水平の堰を築いていった。その間には沢や谷があり、測量にも苦労したと思われる。

言い伝えでは、須川川の対岸の高台に観察所を設け、夜間水路に提灯を照らし高低を計測したという話がある。前出の史料の「矢倉之金」がそれに該当すると思われる。

現在の押野堰はU字溝が敷設されているので、角兵衛の設計した当時の工法による堰を見ることはできない。

当時は定期や増水後の堰管理をしなければ、流れが止まってしまい、水田に用水が届かなくなったであろう。

五、用水の取り入れ口〈河合雄一郎家文書〈県立文書館蔵〉参照〉

押野から不動滝まで流れてきた堰は、滝を下ると分水口が設けられ、そこから田用水としてそれぞれの水田に流れ込む。

竣工当時（寛文三年－一六六三）には、何カ所の取り入れ口があったのか、史料が未発見ゆえ不明である。しかし、安永四年（一七七五）の東峰須川村「押野堰用水懸り田反別帳」（河合雄一郎家文書）によると、以下のように一六カ所（久田原から三カ所に別れるので、この三カ所を加えると一九カ所になる）の取り入れ口があったことが記されている。

また、この文書には押野堰から田用水として引水している小前農民とその水田の等級・面積も記されている。この書面は用水当番を決める時の資料として用いられたようである。

押野堰用水懸り田反別帳　安永四年　東峯須川村

中入落口　壱反弐畝廿四ト半
瀧中落口　弐反八畝拾七ト
瀧下　弐反八畝二十六ト
久田原沢　四町弐反七畝五ト半
　　此わけ
内　九反弐畝拾八ト
　壱町三反弐畝ト半　奥田堰
　壱町二反九畝廿五ト　宮前堰
　七反弐畝廿弐ト　築地之内
青木堰　五反三ト
久田原道　四反弐セ拾四ト
泉落口　壱反七畝九ト
毘沙門　四反八畝廿四ト
松原　弐反七畝拾七ト

細尾　　　四反六畝八ト
細尾下堰　六反九畝七ト
寺田堰　　三反九畝廿二ト
諏訪堰　　五反九畝廿ト
後藤堰　　三反九畝五ト
寺沢堰　　八反弐畝三ト
下前田　　壱町三畝拾壱ト
右拾六口
　拾壱町六反弐畝廿弐ト
　是ハ右之通り押野用水相用しトニ
外ニ六反三畝拾弐ト
　是ハ押野堰用水相用不申候、出水之場町歩ニ御座候
　但し右小前之町トハ此末ニ書付置下し候（ママ）
二口合テ
　拾弐町弐反六畝四ト
　是ハ東峯須川村田方惣町歩御座候

右者此度押野堰用水懸り番人ニ付、御評定所御掛り、太田播
磨守様御吟味ニ而三谷庄市兵衛様下役石川忠治郎様為御見分、
御出被遊并懇（ねんごろ）ニ御吟味申、書面之通り水懸り反別相改、書上
申候処、少茂相違無之ニ付、以来相用可申候　以上

名主　久兵衛
年寄　仲右衛門
〃　角兵衛

安永
四未歳　〃　丈右衛門
拾月　〃　作右衛門
〃　武右衛門
〃　八郎兵衛

押野用水掛り三ヶ村田反別帳

拾壱町七反三畝拾七歩　須川村
拾壱町六反弐畝廿弐歩　東峯
四町壱反三畝四歩　西峯

右村々田反別之義者押野堰苦儀ニ付、入用等相掛り申時ハ割合
申候事

須川水田

この田反別帳は、水帳と同じように水田の等級別・面積・土地耕作者が記入されている。

評定所によって用水を田に引き入れている面積を再調査して記録されたものである。

最後に記されているように、押野堰で困り事ができて何かと入用な時には、この反別の割合によって決めるとある。

六、押野堰の維持管理について

東・西峰須川村や須川村の農民にとって、念願の押野堰が完成し、水田に水が来たことがどれほどの喜びであっただろうか。察するに余るものがある。

しかし、押野堰の水量で一二町歩以上の水田を賄う水量を確保することは不可能である。そのことを示す史料が残っている。

天和二年（一六八二）二月に須川村・峰村・入須川村の三村の名主が連名で水不足を訴える口上書を提出している。（『新治村史料集』第四集）

乍恐以口上書御訴訟申上候御事

一、須川堰之儀水上より町裏まで三里余御座候、右之内悪所八拾壱間半此分ハ樋ニ而水通り申候、尤毎年伊賀様より堰入目郷人足等迄諸事被下普請仕候、其上堰奉行まで被仰付候、堰下之田町三拾五・六町御座候、此水上ケり不申候得ハ、右之田日損仕候間、弥先年之通り被仰付被下置候ハバ難有可奉存候、以上

天和二年戌二月十六日　須川町名主
平左衛門
同所峰村名主
金太夫
同所入須川名主
十郎右衛門

御代官様

※この堰普請の請願についての回答書は見つかっていないので、結論がどうなったのかは不明である。

この史料によれば、押野堰には八一間半（約一四六m）にわたる悪所があり、その部分

は樋（木製）を架けて水を流していると書かれている。そして、毎年沼田藩から必要な資材や人足を提供してもらい修繕を行っている。しかし、堰下の水田は三五・六町もあるので、用水が水田に回らなければひでりの害が出てしまう。なんとしても先年の通り必要な資材や人足を提供して下さればありがたいと訴えている。

「先年の通り」という訴えに、代官所からの回答文書が残っておらず不明である。したがって、どのような対処がなされたかは分かっていないが、修繕を行わなければならなかったことは事実である。

これだけの面積の水田の水量を押野堰だけで賄うことが難しかったことを示している。

しかし、農民は水が足りないからといってただ手をこまねている訳にはいかず、知恵を出し合い対策を考えて実行した。

それが水番制度である。

不足がちな水量を遍く水田に配るために、順番と時間を決めて用水の取り入れ口を開閉する方法である。

そのために、用水当番を東・西峰須川村・須川村の三カ村で決め、毎日、当番は決められた時刻になると堰口の開閉を行った。

その水当番制度が順調であればよいが、大雨で堰がふさがったり、土手が流されたりすると、その修繕にも駆り出された。

また、雨が降らなければ田は乾いてひでりの害が出る。どの水田でも水が欲しいので、用水確保のために騒動も起きた。いわゆる「水げんか」である。

水確保のための水番制度が逆に村同士の争いに至ることもあった。

押野堰完成後約百年が過ぎた安永三年（一七七四）の東・西峰須川村と須川村用水確保争いについて、「河合雄一郎家文書（県立文書館）」で考察する。

文書には、須川村年寄・百姓代から「乍恐以書付奉申上候」（安永三年七月）の訴状が領主に出されたものと、東・西峰須川村の惣代から奉行所へ「乍恐以返答書奉申上候」（安永三年七月）の返答書が出されたものがある。

この文書から、この争点となったことは二点ある。

一つは、「水番人足滞出入一件」である。前田という小字の田に引く用水の水番人足を出す出さないの争いにより、須川村と東・西峰須川村の間で訴訟問題となったことである。

もう一つは、「近年押野田用水堰尻ニ新堰を作り呑用水引取申候」と記されており、須川村が勝手に田用水を飲用水として使っているという訴えである。

この二つの争点について考察する。

（1）水番人足滞りについて

この件は絵図面を基に話し合ったのだが破談に終わった。その後、東・西峰須川村からは、「四ケ村入会之前田耕地之儀者前々反別割合水番人足差出之例無之数拾年来相応シ出来形ニ而寅卯両年之外旱損等仕儀無之」と水番の当番差し出し制度は数十年にわたり状況に応じてつくられてきたものであり、面積割で人足を出すことなどはなかった。また、この方法で水番を行ってきたが、ひでりの害などはなかったという主張がなされている。

これに対し、須川村からは、「當村（須川村）田反別多外三ケ村之儀者反別無数御座候ニ付三ケ村ニ而捨置候共當村ニ而ハ不捨置用水掛ケ引之節ハ老若男女ニ不限昼夜出精仕用水引入候」と須川村では、前田にある田はほとんどが須川村のものであり、峰村では用水が必要ないといって水当番を出さずに放って置いている。須川村の農民にとっては水当番を放っておくことはできないので、用水を田に掛け入れる時は老若男女に限らず昼夜を通して水を引き入れることに努めてきたと主張している。

そして、「両峯須川村之反別壱枚交り之儀故、夜中ニ用水盗引仕候ニ付、相手方之田方ハ旱損可仕謂無之候得共、當村田方之義者右躰出精仕而茂反別多年々少々宛者旱損仕…両峯須川村者共口上ニ而ハ渇水仕候得共、全私共引入候用水を盗引ニ仕候義ニ付、甚以心外至極ニ奉存候、畢竟相手方ニ而捨置ク共、私共出精仕引入之儀を存罷有之故、反別割滞候儀ニ相違無御座候」と続述している。

峰村にとって前田の水番はそれほど重要でないので、従来通りでよいと主張しているが、須川村では用水は切実な問題であるので、きちんとした水番人足を決めて当番をすべきであると主張している。

その内容は、峰須川村の田は須川村の田の中に一枚が混じり込んでいる状況で、夜中に須川村の田に引き込んでいる水を盗んでいるのでひでりの害はない。しかし、須川村では、

「右躰」（用水を水田に引き入れる際は老若男女に限らず昼夜努めている）のに、毎年少しずつひでりの害が出ている。特に安永二年（一七七三）の害は大きかったと述べている。

峰須川村の人たちは、用水を盗み引き入れておいて、ひでりの害があるのはどちらも同様なので、お互いに努力しましょうなどと勝手なことを言っていて、「心外至極ニ奉存候」とある。

結局、須川村がこれほど頑張っていることを知っていながら、峰須川村では水当番をしないでいる。これでは反別割の水当番がうまくいかないことは間違いないと訴えている。

（2）須川村が用水を飲料用としていること

須川村では「往古御捨地已来堀井ト申ハ一切無御座前々當村呑水遣来申候」と須川村には掘り井戸は一つもなく、前々より飲み水用に使う水は引き水である。しかし、堰から引き取る用水は、村下にある田に引き入れるための用水であり飲用ではないと主張している。

このことについて、峰須川村では「偽り」であると指摘している。これに対し、須川村からは「新法之水番人差出四ケ村入会之前田耕地江水引候申立ニ而遣い水十分ニ引取技を以無詮形も偽り申掛候抔申上候」と前田の水田に引いて使う水を十分に引き入れるための方便として、しかたなく偽りを申し掛けたと、「偽り」を認めた。

その上で、「呑水之儀者外ニ堀井無御座ニ付右井筋之水引取不申候而者須川町之者共呑水差支水渇仕」とあり、飲み用水として引き入れないと、須川の町の飲み水は差し支え、田にも水が行かず農民も困ってしまうので、これまで通り引き入れられるよう下命してほしいと訴えている。

これに対し、峰須川村からは「近年押野田用水堰尻ニ新堰を作リ呑用水ヲ引取申候」と堰末から新しい堰を作り飲み水用に引き入れていると延べ、そのために、峰須川村では「前々田用水計リ引来リ申候須川町ニ而呑水用水ニ引込申候故水不足有之候間何卒前々之通リ押野堰田用水計リニ引申候様ニ被仰付被下置候様奉願上候」と須川村が飲み水に引き込むために水不足になっているので、田用水のみに使うようにと訴えている。

このように、押野堰の水量が十分にあればこのような争議はなかったであろうが、田用水だけでも不足しがちな水量しかなかったことによる村同士の争いにまで発展したものである。

こうした争議は安永三年だけでなく、頻繁にあったと伝えられている。そして、村人同士の心情面にも影響を与えたといわれている。

七、沼田藩の歴史的背景について

十七世紀後半になると治世が安定し、幕府・各藩共に民政に力を入れるようになり、産業振興政策が全国的に進められるようになった。

沼田藩においても、四代信政の時代から本格化した用水堰開削が五代信利の時代にも引き継がれた。二代にわたり沼田藩が新田を開削するための用水、溜池などのインフラ整備に着手し用水の確保に取り組んだ。

その一例として押野用水堰の開削について、工事、費用、田用水の取り入れ、堰の維持管理などについて史料を基に述べてきた。

沼田藩においては、四代信政と五代信利の代に用水堰の開削工事が集中的に実施された。二人が新田開墾のためのインフラ整備としての用水堰開削を行う基底にどのような歴史的背景があったのかを考える。

真田氏は天正十八年（一五九〇）から天和元年（一六八一）までの九十一年間沼田藩を統治した。その沼田藩には特異な背景があった。

その背景をまとめると、

1　沼田藩と松代藩の関係

2　家臣団と知行高の異常性

となる。

この項を記すにあたり、二については、丑木幸男先生の『石高制確立と在地構造』と『新治村誌』を参照させていただいた。

以下この点について考察する。

沼田藩の特異な背景は藩の政治的・財政的運営に大きな影響を与えていたのである。

1　沼田藩と松代藩の関係

信之は関ヶ原合戦において徳川方として忠節を尽くした功により慶長五年（一六〇〇）に上田領を安堵される。これによって沼田と上田の二領を治めることとなった。上田領は元来真田の領、沼田は武田氏滅亡後、真田氏が自力で北条氏から戦い取った領という位置付けにあった。このことは秀吉も家康も認めていて、沼田藩の領国経営は幕府の直接支配から離れ、信之に任せられてきた。つまり、沼田藩は上田藩（後に松代に移封）の支藩として扱われたことになる。

信之は家臣への軍役賦課や農民への年貢賦課は旧来の貫高・永高で行った。

その後、信之は松代藩主に転封する。一三万石から沼田藩を三万石で分知し、二代藩主に信吉を据えた（元和二年―一六一六）。これによって名目上沼田藩は上田藩から独立した形となる。しかし、実質的には分知という形であり、従来通り信之の意により沼田藩は運営されていく。

その後四代にわたり変わることなく続く。実質的に沼田藩は上田藩（元和八年―一六二二―松代に転封）の支藩的扱いをされる。

事実、幕府の手伝普請なども上田藩・沼田藩が一緒になって務めている。

また、三代熊之助が死去した際、幕府からは「こころにまかせて沼田城にをらしむべき」と、信之の裁量によって後継者を決めるようにとの下命がある。本来、藩主の裁可は幕府の権限であるが、沼田藩は松代藩主の信之の考えで動かせたのである。
財政的にも、沼田藩が三万石の石高で藩経営を維持していくことが不可能であったことは明らかであり、それを裏付ける史料として、信利の時代に作成された分限帳（職員録）八冊がある。ここに記された内容から、総知行高は二万七〇九七～四万四六五七石、家臣の平均知行高は一五六～二〇五石とその差は大きいが、知行高が三万石に近いか上回っているかのどちらかであり、三万石の石高では藩財政を維持することは不可能であることが明らかである。

松代藩と沼田藩を合算した一三万石の石高の中で、二藩の財政運営がなされていたと考えるのが妥当であろう。つまり、沼田藩は松代藩に政治的にも財政的にも依存した形で藩経営がなされていたと考えられる。

それが、十七世紀中期になると**表1**（一五六頁）に示したように、全国的に新田開発が行われるようになり、沼田藩においても財政の立て直しのための施策として新田開発に乗り出し、用水堰の開削を実施した。

信政は寛永十六年（一六三九）、四代沼田藩主（在位一七年間）となり、在位中に「四ヶ村用水（上牧・下牧・後閑・師）」、「真庭政所用水」、「渕尻堰（小川本村）」、「月夜野堰」、「師田堰（師田村）」、「間歩用水（中之条町伊勢）」の六カ所の用水堰を開削している。

また、寛永二十年（一六四三）には検地を実施した。貫文制での検地ではあるが、内高は四万二千石であった。

表高三万石に比べ一万二千石増加している。表高は信之の概算に基づくものでしかないので、四万二千石が実質高に近いであろう。

しかし、この石高では藩財政の立て直しにつなげられるまでにはいかなかった。

明暦二年（一六五六）、信政は信之の後継者として二代松代藩主となり、五代沼田藩主に信利を任じた。この時も沼田藩は信之の意向が働き、支藩扱いとされていた。

信政は松代藩主になるにあたり、一七年間務めた沼田藩主時代の家臣を大量に伴わせた。記録では五四八人ともいわれている。その中で、知行取八三人、切米取四三人の計一二六人は松代藩士合計三二六人の約四〇％にあたる。沼田藩ではほぼ三分の一にあたる家臣が松代藩に移った。

これだけの人数が沼田から連れて行かれ、沼田藩の藩政は支障を来したはずである。しかし、裏返せば信利にとっては人心の一新を図り、藩政の改革に着手できる機会が与えられたといえよう。

松代に移った信政は二年後の万治元年（一八五八）二月に死去する。その後任をめぐって、信利と松代との間で論争が起きた。最終的には幕府からの下命で信政の子である右衛門佐が三代藩主に決まった。その陰では信之の意向が強く働いていたと考えられる。

この松代藩主相続を機に、沼田藩は松代藩の支藩から独立していこうと信利は考えたのであろう。

信利にとって、沼田藩独立で最も頭の痛いのは、松代藩の財政的な援助がなくなることである。信之の遺金のうち十五万両は松代藩に、信之が預かった信吉の遺金十万両を含め十一万両のうち、十万両は信利の姉クニに、残り一万両を一門が分配した。

信利は分配金しか受け取れなかったことになり、財政立て直しの基金とはほど遠い額しか得られなかった。

そこで、信政の施策を引き継ぎ、「岡谷・戸神・町田用水（池田村）」、「奈良用水（池田村）」、「押野堰（東峰村）」、「久屋堰（沼田）」の四カ所の用水堰を開削し、新田開発による増収を図った。

この結果、どの程度の増収があったのかは、寛文二年（一六六二）の検地は正確性からほど遠いものであるため明らかでない。

以後、幕府からは松代藩と沼田藩への扱いが別々となっていく。信之の死によって二藩は別々の独立藩となったといえよう。

2　藩高と家臣知行高の問題

信利が実施した寛文の検地（寛文二年から四年間）では、総石高一四万四千石余と表高三万石からは考えるられないほどの石高であった。いくら新田を開墾し収穫を増やしたとしてもこれほどの増高にはならない。

その内容の詳細については他稿に譲り、ここでは沼田藩の家臣への知行について考察していく。

沼田藩の家臣団の特徴は、戦国時代からの名残を引きずっていることである。戦国時代、沼田の地は織田・武田・北条・上杉の有力な戦国大名が群雄割拠する戦略上の重要拠点であった。そのため、真田氏がこの地を攻略するには、この地方の地侍を味方に付けなければならなかった。そのために、昌幸は地侍に恩賞として領地を安堵する約束をして味方に付けてきた。

昌幸の朱印状が残っている。（『新治村誌』資料編86頁）

今度任差図、猿ヶ京三之曲輪焼拂之條、忠節無比類候、依之為重恩、於荒巻之内十貫文之所、出置者也、仍如件
庚辰（天正八年｜一五八〇）
五月四日　　　昌幸（花押）
中澤半右衛門殿

右の史料が示すように、昌幸は戦に際し地侍に知行地として土地を恩賞として与える約束をし、戦に勝つと土地を与えていった。

この地方知行は豊臣秀吉の太閤検地によって、次第になくなって、給米知行へと移り変わっていくことになるのだが、沼田藩においては信利の代まで有力地侍による地方知行が

続いていた。

石高制に基づく検地による給米知行を行わず、知行地を恩賞として与えられた家臣たちが信之時代から続き、藩内で家老や年寄などの要職に就いて権勢を振るっていたので、藩主といえどもなかなか改革に着手できずにそのままになっていた。

信利は勇断をもってこれに着手する。地方知行の家臣たちからの抵抗は相当なものがあったと想像できるが、それでも千石以上の高禄家臣の減禄を行い、三千石二人を〇人に、千石~二千石の家臣を三名から〇人にしている。また、藩の中枢から除かれた有力者もいた。

そして、信利の意を体して働く家臣を登用した。

この頃の家臣の知行高について分限帳（家臣の名簿）を見ると、信利の在位二五年間で家臣の総数が六五三人から一五六七人と九〇四人もの差がみられる。この分限帳の信憑性が疑われるが、この間に家臣の数を減らしたと思える。

また、家臣の知行高も家臣数に応じ、二万七九七八石から四万四六五七石と一万六六七九石という大差になっていて明確ではないが、知行高も減らしたと考えられる。

家臣全体の合計知行高が二万七九七八石から四万四六五七石ということは、沼田藩表高三万石に近かったかそれを上回るかであった。

これだけの家臣の知行高は藩経営の行き詰まりにより、藩解体といえる状況であったことは疑いのないことである。

沼田藩改易後の天和二年（一六八二）正月の書類には、

家中知行高は三万二千三六四石七斗、玄米五四石七斗、籾二俵
切米高三四二九両二分、銀五十六枚、扶持方高二千三〇二人
（ならし取り　二つ九分六厘七毛―二九・六七％）
（一両二石五斗替え）

とあり、知行総高は七万五三九四石となる。これは信利の行った寛文の検地で打ち出された一四万四千石の五二・三％にあたる。

信利にすれば、この数値は内高の半分に家臣の知行高を減じることができ、大きな改善であると考えたであろう。しかし、領民の塗炭の苦しみの上に生み出されものであることを理解できなかったとしかいいようがない。

信政の時代から始まった新田開発を続行の施策は、米の増産によって少しでも財政改善を目指そうとする信利の意図がみられるが、家臣団の整理と知行高の減額なしに、健全財政化は図れない沼田藩特有の実情があった。この根本的な沼田藩の特異性を解決できないままいけば、たとえ信利が改易にならなくても、存続は不可能であったと思われる。

以上、信政・信利と二代にわたって沼田藩の独立と藩財政の改善を背景とした水田開発

のためのインフラ整備である用水堰の開削について考えてきた。

用水堰開削は産業振興を目指すインフラ整備であるが、沼田藩にとって抜本的な政治的・財政的な改革ができない限り沼田藩の独り立ちは不可能であるという課題が明らかであった。したがって、新田開発は財政立て直しの一助に過ぎなかったといえる。

まとめ

文書に記され「捨地」と称されるように、須川平は人の手が入らない荒れ地が多かったのであろう。

高畑山と鋸山（通称）の間から流れ出た土砂が堆積した扇状地様地形であり、耕地に必要な用水の確保は高度な土木技術が開発される近代まで待つほかなかった。

押野堰が開削され水田が開かれた。山根の傾斜地にも水田が拓かれ、等級は「悪地・下々田・下田」が多く見られるが捨地が水田になったのである。また、須川平と呼ばれる平地には「中田・上田」が増えていった。

当時の村人にとって、いかに押野堰の存在が大きかったかがうかがえる。そして、現在でもこの用水堰は大切な農業用水として利用・管理されていることは前述のとおりである。用水確保が江戸時代のみならず、現在でも重要なインフラであることに変わりはない。

水不足を心配しなくてよくなるまでは、代官所に訴える文書が多く残っていることが各地での水げんかを物語っている。

昭和三十年代になり、川古温泉付近の赤谷川から用水を引き、猿ヶ京、相俣、相俣ダム、笠原、谷地、須川と長距離の農業用水路が完成し、現在、須川平の主要な農業用水となっている。

しかし、現在でも東峰須川においては、押野堰が果たしている役割は大きいといえる。押野堰の開削とその後の様子について史料から読み取ってきた。

堰の工事については、史料が乏しく事実が少なく、言い伝えによる部分が多い。したがって今後の史料発掘を待つ以外にない。

［利根川太郎］

第九章　押野用水と歩んだ大字東峰須川

一、押野用水工事の特徴

押野用水は寛文三年（一六六三）八月に着工された。須川町の萱原堰掘削に協力したため通水したのは翌年一六六四年の田植えの時期であった。工事は受益者（村落）負担であった。『須川記』「堰入目注文之事」によれば次のような特徴的な点がある（『新治村史料集』第一集）。

（1）公儀に請い奉行に足軽角兵衛派遣を依頼し、三三日間の扶持一分四五〇文を支払った。角兵衛は恐らく「真田が行った用水開発事業に携わった実績を持った人物であったと見てよいであろう」（利根川：二六七）。沼田藩に蓄積された用水路建設の土木技術が押野用水路建設に生かされたと考えられる。

（2）設計に関しては、水源から不動滝と呼ばれる岩盤上部まで水を引き、岩盤を使って滝のように水を流下させている。取り入れ口（水口）から滝落口までの距離、二五四五m、水口の標高は、六九八・五m、滝落口は、六八〇・二五四m（U字溝の内側底の高さ）であり、水口との標高差一八・三mである。

滝下から等高線に沿う水平な用水路になる地点の標高が約六四〇mほどである。松原堰落口（約六二〇m）をへて泰寧寺山門下（約五八〇m）まで、用水路は泉山南東斜面をほぼ水平に掘られた。昭和五十二年（一九七七）に水口から泰寧寺山門下までU字溝が敷設され、この距離は水口から四四七一mである（新治村）。

こうした設計により、押野用水以前に谷地田（谷津田）があった東峯村小字の奥田、上坂を含めて、用水路は、滝下から集落内の今日の屋敷地と水田全体を見下ろすよう位置を保って、泰寧寺の山門下に流れ着く。この用水路から集落内及びその周辺の可耕地及び前田に水を配るためにいくつもの分水用小水路を造った。この分水点を懸（掛）口という。

（3）土木工事の特徴として、角兵衛扶持以外の賃金や物品購入支払記録から、石工人足賃金が多いことが分かる。鉄とタガネ、鍛冶用炭購入は鍛冶屋によるタガネなどの石掘削道具の主として修理のためである。大量の芋ガラ購入は、岩の上で燃やして岩を砕きやすくするためであった。

また、四丁の鉞（まさかり）が購入された。マサカリは、刃渡りの広い斧で、特に丸太の側面を削って角材を作るための道具として使われた。水路の大半は斜面を掘り下げた土水路で、弱い表土を支える木枠が必要であった。場所によっては木製の樋が使われた（注1）（利根川‥

二六八）。

（4）伝説によると、夜間、水口と不動滝落口を結ぶ水平線に灯明を持って立ち、南山から各々の松明の高低を観察したとされる。

二、用水路の配置と既存水田

『須川記』には、押野用水開発について受益地と用水路配置の具体的記述はない。須川平は用水さえあれば水田開発が可能であるとし、①須川町では赤谷川から水を引く萱原堰、②峯村では須川川支流・押野沢から取水し、高畠山の等高線に沿って不動滝まで掘削する押野堰、③奥平で須川川から取水する堰の三つが提案され、②が実現した（新谷：十八）。

なぜ、不動滝までとしたのか。不動滝に近い場所や上坂峠手前や奥田にはわずかの既存の谷地田が存在していた。こうした既存田への配水と峯集落内及び須川平の荒地（今の前田、たぶん茅の草原）の新田開発が目的であったことから、不動滝上までとしたのである。

『上野国郡村誌11』東峯須川村の「山」の項は、村の水資源を端的に記している（萩原：九）。

（略）渓水一条アリ、東流シテ字上坂ニ至リ二派トナリ、共ニ田用水トナリ、一ハ東沢ト

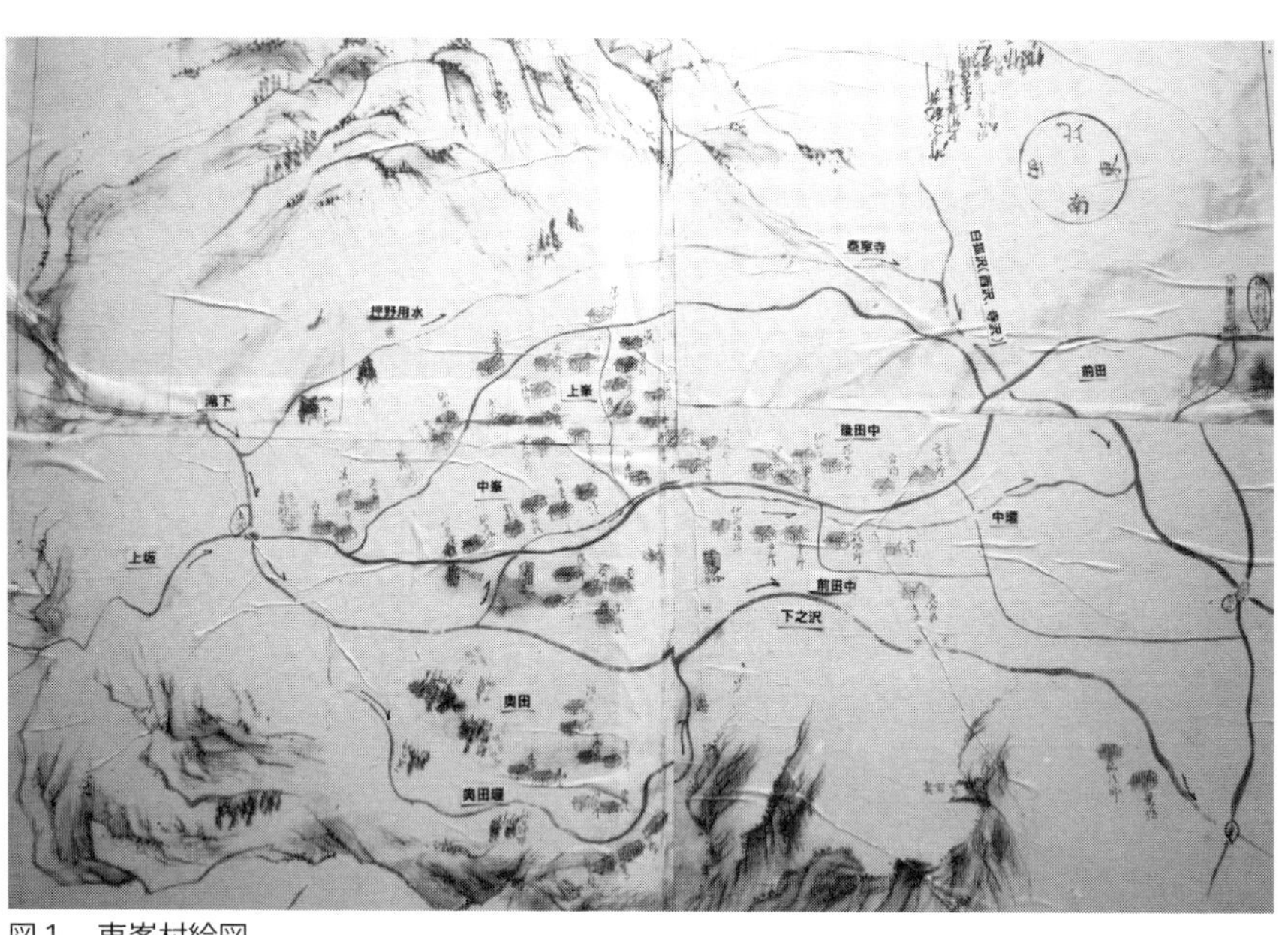

図１　東峯村絵図

称シ西峯須川ヲ経テ、布施村ニ達シ赤谷川ニ入ル、一ハ本村字峯反ヨリ北方須川町ニ至ル、南方西峯須川界ニ奥田山アリ（略）

明治五年（一八七二）の東峯村絵図（**図１**）で示す下之沢、奥田堰、中堰、北で泉山の山腹を等高線にそって掘削された押野用水が主要な用水（堰）であった。この図から、東流する渓水一条とは押野用水であることが分かる。上坂で二つに分かれるとある。以下で説明するが、上坂と滝上は近い場所で、東沢は、下之沢である。他方は、泉山山麓の字峯反を経て泰寧寺から須川町に至る流れが押野用水である。

南方、西峯須川の堺に奥田山があり、その山麓を集水域（catchment　area）とする谷地田があった。用水は、下之沢に分水される。奥田に用水を補給するために下之沢上流部で分水し奥田堰とした。用水を自然河川に結合させた。

表1　用水路掛田反別帳

①中入落口水掛	一反二畝二四歩半
②瀧中堰より上坂落口水掛	二反八畝十七歩
③瀧下落口水懸	二反八畝二十六歩
④久田原沢落口水懸	四町六反七畝五歩半
⑤奥田堰落口水懸	一町三反二畝歩半
⑥宮前落口水掛	一町六反九畝二十五歩
⑦築地之内堰落口水懸	七反二畝二十二歩
⑧青木堰落口水懸	五反三歩
⑨久田原道落口水懸	四反二畝十四歩
⑩泉落口	一反七畝九歩
⑪毘沙門落口水懸	四反八畝二十四歩
⑫松原落口水懸	二反七畝十七歩
⑬細尾落口水懸	四反六畝八歩
⑭細尾下堰落口水懸	六反九畝七歩
⑮寺田堰落口水懸	三反九畝二十二歩
⑯諏訪落口水懸	五反九畝二十歩
⑰後藤堰落口水懸	三反九畝五歩
⑱寺澤堰落口水懸	八反二畝三歩
⑲下前田堰落口水懸	一町三畝十一歩

安永四年東峯須川村押野堰用水懸田反別帳
持主
未　十二月　作右衛門
安永四年（西暦一七七五年）
（河合雄一郎家文書、本多松寿筆写）

不動滝下を用水利用の始点（注2）とした背景には、東峯の地形と既存田の存在がある。東峯は、赤谷川右岸の須川平と呼ばれる河岸段丘上の平坦な土地が、西で里山に接する場所に位置する。西から河岸段丘の南端下を流れる須川川が赤谷川に布施宿で合流する。

集落内には、西に接する里山から東南東方向に流れる下之沢が須川宿との村境であった白狐沢に合流している。この白狐沢（西の沢、寺沢）も、須川川と赤谷川とが合流する地点より約五〇〇m上流で赤谷川に合流する。

すなわち、東峯集落は南東方向に低く、押野用水開削前には里山と集落西南部との接点である奥田や滝及び上坂周辺に谷地田が存在していた。滝及び上坂周辺に端を発する流れは、下之沢と呼ばれる。下之沢と白狐沢とが自然河川であった。

中堰は下之沢から分かれ、集落中央部を受益地にして白狐沢に合流する。集落のほぼ中央を流れるため中堰と呼ばれている。これに押野用水の毘沙門掛口からの用水が泉山斜面を流下し、中堰に合流する（表1）。

久田原堰（表1）は、野々宮神社前を流れ下之沢と合流して小字青木を通って白狐沢に合流する。受益地は約四町七反もあり最大である。

東峯集落の押野用水以前の用水資源は、里山からのわずかな水流を利用した谷地田が、奥田と滝及び上坂周辺に開かれていた。小規模な滝であっても、滝ができるには長年にわたり流水があることが前提であり、滝周辺は小規模な集水域となっていて、水を利用しやすい場所であった。

東峯集落内の既存水田の補給水や開田目的には、配水の始発点（水頭）をどこにするかが決定的に重要である。既存田の改善がなければ集落をあげての用水工事の賛同は得られなかった。水頭より高い地点には配水は不可能である。周囲には、既存水田の用水を補給する水源となるような標高を持つ場所は北西の高畠山方面しか存在しない。滝上まで用水を流すための水源として須川川支流の押野沢からの取水（水口）が選ばれたと考えられる。

このような理由から、新たに求めた用水の水頭が滝下とされた。滝下の標高が約六四〇m、松原堰掛口（約六二〇m）、泰寧寺山門下（約五八〇m）を経て白狐沢に排水する。押野用水自体は、白狐沢で給水して須川平へと向かう。

こうした用水路設計によって、集落の標高の低い南側を流れる標高六二〇mほどである水源の下之沢と、新設の押野用水内の間にある畑地や荒蕪地などへの配水が可能となった。

このように水源、受益地、地形を考えると押野用水は、Ⅰ水口から滝上落口までの新たな用水確保と、Ⅱ滝下から泰寧寺山門を経て白狐沢合流地点までの掛口の開閉による配水との二つの機能に分けて考えられる。Ⅱでは滝及び上坂周辺の小規模な既存田への給水も果たしている。滝下を始点とすることで、新たな掛口からの分水路として、既存用水路も部分的に利用することが可能となった。さらに、押野沢からの取水と自前の滝の集水域（下之沢）からの二つの水源を用水として利用すれば、渇水対策にもなる。流域が違うので、一方の流量が少なくなっても他方で補うことができた（石田）。

三、水番と「押野堰用水懸田反別帳」安永四年（一七七五）

押野用水掘削後でも東峯集落内の既存水田と開田への十分な給水には水量は乏しく、水利用の平等性を重視した配水システムの構築が必要であった。庄屋が管理し水利権を持つ全ての住民が相互監視する精緻な水管理が行われた。「安永四年（一七七五）東峯須川村押野堰用水懸田反別帳」（用水反別帳）は、これを如実に物語っている。

押野用水は、東峯須川村、西峯須川村、須川村に受益者を持つ。松原、細尾、谷地、前田、宮原は須川村、塩原は西峯須川村の小字であった。

写真1　水番一式

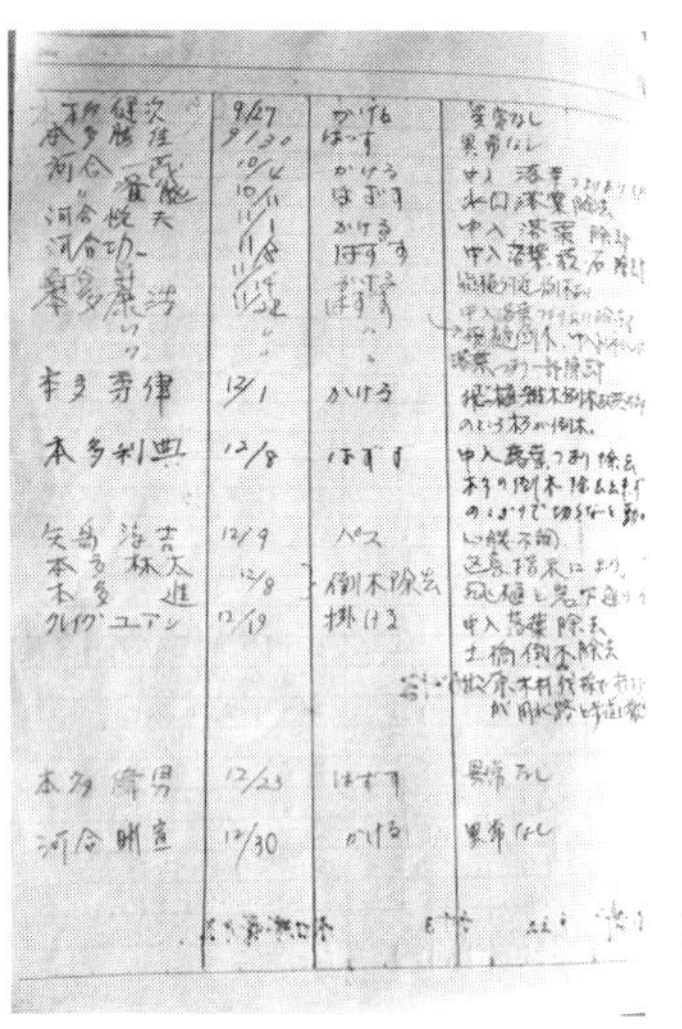

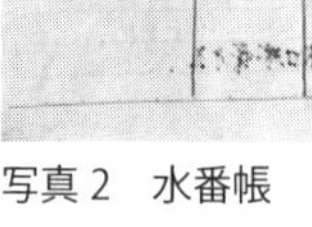

写真2　水番帳

水番は、水口から不動滝上落口までが東峯の担当であった。本多薫雄「押野堰紀行」によると「交代で年間毎日1回（略）堰の異常の有無と水量の調整を巡視しながら」異常があれば区長に報告していた。当時は年間を通して毎日巡視した（本多）。

「用水反別帳」によれば、用水本体から掛口別の反別は**表1**のようである。同表は、掛口ごとの合計反別である。掛口毎に個々の百姓名、水田面積及び等級が記されている。水源（水口）からの東峯の受益田の最初の掛口は、①中入落口で、これは上須川村（後に入須川村編入）の掛口である。②滝中堰より上坂落口、及び③滝下落口は、滝からの用水による既存の谷地田の補給水であったと考えられる。④久田原落口は、給水田面積は最も広い（途中で奥田堰、宮前堰、簗地内堰に分水する）。

水田は極めて少なかった東峯は、開田に力を入れた。少ない水の分け合いであったので、配水の公平性は重要であった。受益者が輪番で水口から滝上までの巡回を行った。

平成になってからの水番の紹介である。**写真1**のように木製の水番札、実施記録帳、近年は熊手、動物よけの鈴を当番に回す。全受益者名を記した水番札の順番で、水番を実施する。水番帳には、「はずす」か、「掛ける」、見回りで気づいた点を記載する（写真2）。東峯担当区間には、六つのポイントに札が掛かっていれば、はずして持ち帰る。前任者が「はずす」であれば、区長宅に立ち寄って六枚の札を持って行き、チェックポイントに札を掛けてくるのである。区長宅玄関脇に札置き場が設置され、札を置くか、持って行くかの記録を残すために、必ず区長宅に立ち寄る必要がある。札置き場にはカレンダーが置いてあり、当番者名を記入する。

順番は、家屋が隣接する五人組ごとに行われる。押野用水完成後、継続されたとする一年中毎日の水番は、今日では毎日ではなく特に田に水の必要のない冬には、防火用水確保と水路保全目的で一週間程度間隔を空けるようになった。

東峯集落は、上峯（上と下）、中峯（上と下）、田中（前と後）、奥田組（南と北）と四つの大組がある。括弧内が五人組起源の組である。

平成八年（一九九六）の「水番帳」による水番は、里山に接する上峯の上組から下組、そして中峯の上組から下組、次いで平坦部の田中の前田中、後田中へと回る。最後に、下之沢南の奥田組の南組を経て北組で終わる。中堰を時計回りにする順番である。

滝下から下流の泰寧寺の沢落口までが、上記谷地、笠原、須川の分担であった。同分担区間は八区域に分かれ、受益者を区域毎に振り分けて水番をしている。谷地区長を同区間管理の長として区長が必要な指示を行う。五月五日が堰掃除の日で、全員で堰ざらいをしている。

東峯が滝上落口までを水番区域とし、滝下からは須川町に水番を委ねた。押野用水完成後の水番の分担に関する資料がない。これは、東峯村は真田氏改易後、旗本領となり、幕府が公認した「用水反別帳」獲得により用水の配分が確定してから、可能になったと考えられる。東峯集落内水番（掛口管理）は、公正を図るために、自らで行わず須川町に委ねた（水頭までの複数村共同開発と集落内配水紛争回避）と考えられる。

写真3　押野堰取水口

四、押野用水の近年の変化：潜在的食料自給率と農業の多面的機能

押野用水は押野沢上流に水源（**写真3**）を求めたため滝上までの間、いく筋もの小沢を横断する。その小沢を水源として既に利用していた受益者が下流に存在する場合は、掛口を作る。または、飛樋（**写真4**）と呼ばれる掛口は、押野用水に沢の水が流入しないように押野用水路を立体交差にし、既存水利権の混入を避けている。横断する小さい沢下流に水田がない場合は、その沢の水を補給水として用水に混入した。

近年の大きな変化の一つは、前橋市の和牛肥育農家が夏季の放牧場として高畠山の飲料

写真4　飛樋

水源地近くの採草地を放牧地へ転換したことである。この補償として平成九年（一九九七）に押野用水（水口―泰寧寺山門）がU字溝化された。U字溝の場合でも、既存の水利権に配慮した例がある。土水路から水が漏れてその下に田んぼができた。U字溝設置の際にU字溝の斜面下側の底に穴を開けてその田んぼの取水を保障している。

U字溝化は水路管理の負担を大きく軽減した。土水路（**写真5**）では大雨が水路の谷側にオーバーフローし、水路が頻繁に崩れていた。また、山側斜面は崩れやすく土砂が水路を埋めることが頻繁に発生した。U字溝化後には、こうしたことは希になった。

さらに、平成二十年ごろから集落全戸総出で実施する春と秋の堰普請の日に、自治体から支給された溝蓋をかぶせ、土砂が水路を埋めるのを防いでいる。この作業により、平成いっぱいで滝上までは蓋をした。

U字溝敷設により用水管理が非常に楽になった。しかし、別の予期せぬ事態も発生した。用水の滝下より下流の地点で集落用簡易水道の水源を得ていた。しかし、雨で放牧地の牛の糞尿がU字溝に流入し、汚染したため、飲料水源として不適格となった。これと前後して異常気象の影響により、夏季に集中豪雨に見舞われ、沢筋に土砂崩れが発生した。牛の放牧で夏草が成長しないため、豪雨時にすぐに地面に水が沁み込まず、平成十一年に、放牧地の下部の杉植林地の谷筋において表土、二・三mの深さで土砂崩れが発生し、水口が決壊した。その土砂は、押野沢から須川川の国道17号旧新治村役場の漣橋にまで押し流された。翌年には押野用水の水口から約三〇mほど上流に土砂防止の砂防堰堤が新たに建設された（写真3の背面）。

こうして受益農家が年に三～五回前後水番をしていた。平成二十八年に、受益者全員が輪番で行う水番は廃止になった。

写真5　U字溝化された水路

理由は、少子高齢化により高齢者の水番は危険を伴い、重労働になってきたことにある。現在、東峯住民三人が通年の水番を集落から請け負っている。受益者は、年間三千円を代行費として地区に納める。

これは当然、必要な措置であった。一方で冬は水番の間隔は長くなったが、年に数回水路に沿って水番に行くことは、集落の水資源の状況とその重要性を確認し、周辺の里山の自然に触れ、季節の変化を知る絶好の機会が失われたように思われる。

まとめ

東峯須川は、元和二年（一六一六）から須川村より分村し峯須川村となった。後に享保八年（一七二三）には東西に分かれ、東峯須川村になった。押野用水は、寛文四年（一六六四）に完成した。これにより、東峯須川は、本格的な開発が進み独立村としての様態を呈した（金子：四九四）。押野用水完成から百余年後、安永四年（一七七五）に泰寧寺山門の建立、寛政七年（一七九五）に現在の本堂大改修と二〇年間に二度の大工事は、農民が支えた。農業生産の増加とそれに支えられた世帯数の増加が背景になったと考えられる。

享保八年（一七二三）には、峯須川は、東西に分かれ、須川町・東峯須川・西峯須川・上須川・入須川・湯宿とともに須川組合と称した。須川組合が三国街道須川宿を支えた（金子：二六五）。

東峯須川は年貢米の水田、畑作で麦、ソバ、ヒエ、アワなどを自給用穀物とし、商品作物として養蚕と煙草栽培を中心に、耕地を持つ農業専業村として発展してきたといえる。『上野国郡村誌11』（萩原：七-十二）に、「民業　男桑ヨ業トスルモノ六十二戸、女養蚕ヨ業トシ男業をタスクルモノ八十二人」とある。税地は、田一七町四反余、畑六六町六反余、全六二世帯であった。

昭和三十五年（一九六〇）完成の赤谷川沿岸土地改良区による用水整備事業で川古温泉の上流で取水し、サイフォンで相俣ダム堰堤頂部を渡り、笠原で配水する新たな農業用水が得られた。前田水田の利水が改善され、須川地区で水田が増加した。平成十五年（二〇〇三）、前田地区圃場整備（一四町九反）が完了した。この二つの事業により水利権が増え、用排水路が分離された区画整理田が生まれた。用排水路分離の原則に沿いながら、上部の排水を下部で用水として利用するために、ほぼ水平の横断水路配置の工夫がなされている。

今回、押野用水の掛口ごとにどのように配水がなされているのか田の畔を歩いて観察した。白狐沢や下之沢は砂防工事が施され、増水時には適切な排出と不足時には、一滴の用水までも利用できるように用排水路が整備されていることに感心した。他方で、後継者不足から、上坂や滝下の棚田などは、集落成立当初を支えたが、今日では耕作放棄されている。

日本人の主食である米の国内自給率目標達成と、農村の多面的機能を享受するために稲作の新しい担い手の登場が待たれる。精緻に整備された用排水路は、一度維持管理の手が緩めば、地域全体の治水・利水・水田灌漑システムが崩れていってしまう。異常気象による集中豪雨が大きな災害を引き起こしている。整備された水田灌漑システムは、水害リスク対応上その重要性が大きく注目される。

人と大地の相互作用の長い歴史の中で営まれてきた水田稲作によって用水路、溜め池、畦畔からなる独自の里山生態系が形成された。そこは、カエル、ドジョウ、ホタル、トンボ、チョウなどの身近な生き物生息地となっている。里山には集落で薪炭として利用するコナラやミズナラの二次林や採草地が広がり、それはかつては奥山のケヤキやブナなどの落葉広葉樹林の自然林と連続していた。
　こうして水田を中心とした里と里山との広がりには多くの身近な生き物が、棲み分けと食物連鎖のネットワークの中で生息していた。春を告げるウグイスは里と里山を季節的に周遊する代表的な小鳥である。農村を訪れた時にある種の安らぎを覚えるのは、水田稲作によって保たれている用水路、溜め池、畦畔からなる生態系の存在による（渡部・河合）。

［河合明宣］

（注1）石樋は二〇〇三年、前田地区圃場整備中に、白狐沢の左岸五〇m、県道中之条・湯河原線の北二五〇m程の地点から、用水に使われた複数の石堰が掘り出された。
（注2）水頭とは、水の持つエネルギーを水柱の高さに置き換えたものである。

［**参考文献**］

石田新太（株）［三祐コンサルタンツ海外事業本部　技術第四部）］のご教示による。
金子蘆城『利根沼田歴史民族事典』上毛新聞社、二〇一三年
新谷孝雄「押野用水」片野一司編『新治村史料集第一集』、一九五六年
利根川太郎「村の生活と農業の発達」新治村誌編さん委員会・みなかみ町教育委員会編『新治村誌　通史編』、みなかみ町、二〇〇九年
新治村「新治村押野用水土地改良事業施行認可申請書」、一九七七年
萩原進監修『上野国郡村誌11吾妻郡』群馬県文化事業振興会、一九八五年
本多薫雄「押野堰紀行」新治村公民館編『福寿草』(23)、一九九四年三月
渡部忠世・河合明宣「水田環境の生態とシステムに関する調査研究」『環境科学総合研究年報』(13)環境科学総合研究所、一九九四年

おわりに

Ⅰ　真田氏開削の用水群とその活用では、真田用水群の概説（地図・写真を含む）に触れた。その方法は、近年の土地改良資料や現地調査から現況の用水管理の実態に触れるとともに、歴史資料から用水開削当時の状況を地図や写真と合わせて考察し、用水開削技術の特徴や藩政改革の意義を考えた。

沼田藩真田氏の時代に開削された真田用水群の総数と歴史的背景では、真田氏の一貫した石高拡大政策や藩政改革、すなわち新田開発、用水開削と村づくり・集落共同体の形成と一体性を成しており、用水開削も飲用・防火生活用水から農業用水中心的なものなど利用目的はさまざまで、全体に多用性が見られる。

中小用水開削や新田開発も含め、真田用水群の総数について町村別、藩主別に推計してみた結果、合計で一〇〇用水余にも上り、うち利根郡では七二用水、吾妻郡では二八用水が数えられる。藩主別では、信之一〇用水、信吉六用水、信政二五用水、信利三八用水、年代不明は二一用水である。

信之・信吉時代は、戦乱により荒れて疲弊した村の回復と領内や城下の整備、真田氏以前に開削された白沢用水の不足を補給するため、新たに川場用水の開削により城下の飲用・防火生活用水を確保することに力点が置かれた。沼須や川場用水に見られる谷川上流部の岩盤を削り隧道を掘って用水を取得する技術や複数の沢を箱樋により渡る技術、用水の傾斜を緩くして山腹・山麓を等高線に沿って長距離を引水するための測量技術や工作技術など、高度な技術が既にこの時期に確立していたと思われる。

信政の時代には、積極的に用水開削や新田開発が行われ、費用は藩の負担で行われ指導者が派遣され、用水規模も比較的大きく代表的な四ヶ村用水や間歩用水などがあるが、他に湧水の溜池への精緻な配分が認められる大清水用水など多数が開発されており、真田氏の持つ高度な用水技術がことごとく駆使されている。

信利時代には松代藩との絶縁を意識して沼田藩の自立と藩政改革、一層の石高拡大を目指した用水開削、新田開発が行われたと見られ、開発用水の数は多いが険しい山地環境での小規模な用水開削が多く、岡谷用水や押野用水など現地の地形を詳細に調べて利用・工夫している。

各用水の概要は、地図・写真を合わせて説明し、今日も活用されている現地水路を身近な真田用水の里として親しみやすく散策もできるように工夫した。

Ⅱ　沼田藩真田氏の用水群の開削では、その意義・背景について藩政改革と用水各論から考察する。丑木報告では、沼田真田氏の用水開削を藩政改革との関係で解明し「三万石から十四万石へのからくり」を論じている。沼田真田氏の暦代藩主は、藩経営の安定と石高拡大・生産力の向上に積極的に取り組み、新田開発や用水開削を進めてきた。信之、信吉らは城下の整備や長く続いた戦乱で荒れた農村・農民生活の安定のため地道な取り組みを進め、その後の発展の基礎を築いたといえる。

信政時代には、積極的に新田開発や用水開削が取り組まれ、その結果内高で三万石から四万二千石へ石高が増加した。五代信利はこれを引き継ぐとともに、松代藩との絶縁・決別を契機に、藩政改革に取り組み領内の総検地を実施し貫高制を改め、近世的な村づくりを進め、近世大名として石高制を確立したと思われる。

信利の総検地は、石盛などの過大操作はあるものの、それ以前の沼田真田氏の貫高制を改め、生産力の向上のため新田開発、用水開削や近世的な村づくりを進め、地域差は認められるが沼田藩の石高制を確立するものであった。改易後の幕府の命による前橋藩の検地では六万五千石となり、沼田藩の表石高は従来（真田氏時代）の二倍以上になったことと、この石高が明治維新まで継続したことからも、このことは評価できると考える。

さらに、真田氏の藩政改革の意義を考察する上で、丑木報告が指摘する二点目は歴代藩主が神社・仏閣の建造を重視していることである。信利の時代には特に多くの神社や寺が建造されていることも近世の村づくりとの係わりが注目される。

用水各論では、沼須用水は、沼田藩の玄関口に当たる沼須地域の整備・新田開発のため、藩が最初に手がけた耕地開発事業であった。片品川から取水するため岩盤を削って取水口と隧道を完成させたことに、その意気込みが感じられる。

川場用水では、沼田藩真田氏の領地は畑が多く、藩政改革は用水開削・新田開発、宿場開設など総合的に取り組まれた。用水開削は、成果は大きいが費用がかかり地域が限られた。川場用水は信之が計画し、信吉時代に着工、完成を見るが計画にも実施にも時間がかかっている。

また、この用水は白沢用水による沼田城下の飲用・生活用水を補完するものであるため、開削には普請奉行が置かれ、維持持管理のための管理役人が置かれて藩により厳しい取り締まりが行われていたが、水源地域の村は保護され維持管理のための藩の支援もあった。用水は、飲用・防火生活用水、農業、水車など多目的に活用されており、周年通水のため冬場に箱樋が凍り傷みやすかったともいわれている。技術的には、沼須、川場用水に見られる岩盤を削った取水口や隧道掘り、沢を渡る箱樋、用水を緩やかな傾斜で長距離に引くための提灯測量など、後の真田用水群の基本技術が揃っており、これらの技術は信之・信吉時代に確立されたと思われる。

信政時代の代表的な二用水については、四ヶ村用水は、利根川本流からの難しい取水、一三の沢を渡るなどより厳しい自然環境の条件で、数多くの沢を箱橋や隧道で渡る技術、沢を利用して放水・分水して水量を調整、長距離を極めて緩やかに（一三km で標高差一七・六m）引水する測量技術など、それまでの真田氏の用水開削技術の総結集を図ったものであることが分かる。しかし、用水の安定確保の技術的限界として、粗朶引きなどが行われてきたと考える。

間歩用水は、赤坂川からの取水、岩盤を幾つもくり抜いた間歩（＝洞穴）の開削に大きな特徴を持つが、山間部の用水としてむしろ険しい自然の地形を巧みに活用したもので、これまでの技術の応用に自信が感じられる。

信利時代の岡谷用水・奈良用水では、費用負担は不明であるが受益者負担の可能性が高いと思われる。岡谷用水では信利の家臣が指導のため派遣され、女坂峠のトンネル工事では、縦坑や深堀など難所であったと記念碑に刻まれている。

幻の用水といわれた押野用水については、近年の資料から取水口、不動の滝、用水末端の標高や距離が明らかにされ、開削当時の技術もより明確にされた。また利根川・河合氏の二報告では、「用水開削と沼田藩政」についてや「用水開削と村づくり」が論じられ、真田用水開削についての歴史的意義が深められたと考える。

押野用水では、地域の自然環境を巧みに利用し既存の谷津田に配慮した用水計画が関係集落の農民で検討された。藩に支援を要請、藩は基本的に受益者負担の姿勢を示し、指導者として足軽角兵衛を派遣するが、その扶持三三日分やその他石工賃金などの費用は地元が負担していることから信政時代と明らかに異なる。用水の配分利用においても農民や集落の間で詳細に検討され、周年の水利用の管理規則が作成されている。距離は約四㎞の短い用水であるが、既存の滝と岩盤を利用して水路を切り開くことで難所を克服し約一年で完成されている。当時は農業や飲用、防火・生活用水、水車など多目的用水であったこと、近年まで農業の他、防火・生活用水として利用されているため、冬でも用水の見回りが当番により行われていた。

各論全体からいえることは、真田用水開削による沼田藩の水田農業の確立は、生産力発展・石高の増加をもたらすとともに、村・集落共同体の形成と密接に関わりをもち、藩はこれを基礎に藩政改革を実施して新しく藩権力機構を強化したことがうかがえる。近世の村・集落共同体は、領主支配権力の末端機構（庄屋・五人組制度を通して）であり徴税や賦役の受け皿でもあるが、同時に互助機能や自治機能を持つようになった。このことは新田開発や用水開削の成果であり、その持続的な利用規制に、また維持管理や災害時の改修記録などからうかがわれる。

用水の維持管理については、平時でも木製の箱樋や用材は腐朽しやすく、土水路の部分が多いため維持管理のための堰や水路の普請は大変なことであり、大雨・洪水による災害で幾たびも破壊され大きな被害を負ったが、その都度に村人・集落共同体の人々の出役・負担により修復され、三五〇年以上の長い歴史に耐え、今日まで米作りを支えてきた。このことについては、本書の四ケ村用水（渋谷報告）や押野用水（利根川・河合報告）で詳細に触れている。

戦後の土地改良では、農業用水は堰と取水口のコンクリート化、箱樋のコンクリート橋などへの改修、水路の三面コンクリート化やU字溝が敷設され、自然災害などによる大きな被害を受けることは少なくなったといえる。

利根・沼田、吾妻の水田農業は、米を中心とした石高制の経済・封建的支配体制から、資本制市場経済に大きく変わっても、村・集落を基礎とする水利規制（システム）、集落共同体の生産力的な性格は今日でも色濃く残っている。真田用水のような地域の歴史遺産・文化遺産を守る意義や重要性を教育現場や研修会を通して後世に伝えていく必要性があることを高山報告は触れている。農業の担い手が減少し高齢化しているといわれるが、先日、地域環境を活用した付加価値の高い農業に興味を示す若い人たちに触れる機会にあって（「全国の仲間と米の市場拡大―ホワイトデーにお米をプロジェクト―」発表者利根実業高校食品文化部・利根沼田ブランド米振興セミナー、二〇一九年七月）、真田用水や水田農業、美味しい米作りは今後も守られていくと確信した。

［田中　修］

著者紹介（五十音順）

丑木幸男（うしき　ゆきお）
一九四四年 東京都生まれ。東京教育大学文学部史学科卒業、博士（文学）。
現在：国文学研究資料館名誉教授、別府大学客員教授。
元：別府大学教授、国文学研究資料館史料館長、群馬県文化財保護課、群馬県史編纂室、群馬県立武尊高校・渋川女子高校・中央高校教諭
著書：『磔茂左衛門一揆の研究』文献出版一九九二年、『評伝高津仲次郎』文化事業振興会二〇〇二年、『大正用水史』一九九二年、『岡登用水史』一九九二年、『群馬県の百年』山川出版社一九九一年。

金井竹徳（かない　たけのり）
一九四六年 群馬県沼田市生まれ、東京写真専門学院卒。
現在：日本石仏協会理事、群馬県文化財指導委員、沼田市文化財調査委員、沼田市文化協会会長、群馬歴史散歩の会利根沼田支部長、沼須人形芝居あけぼの座座長。
元：講談社写真部を経てフリー写真家。
著書：「石の心（上州・修那羅・北条・喜多院）シリーズ」東出版、『沼田の坂』FMオゼ、『沼田の道祖神』、『群馬の磨崖仏』あさを社。

河合明宣（かわい　あきのぶ）
一九四八年 群馬県みなかみ町生まれ、京都大学農学部、同大学院修了。
現在：放送大学特任教授。
元：放送大学教授。
著書：『改訂版 地域の発展と産業』、放送大学教育振興会・二〇一五年、新治村史編さん委員会・みなかみ町教育委員会編『新治村誌　通史編』二〇〇九年、甘楽多野用水土地改良区編『甘楽多野用水誌』二〇〇四年（分担執筆）。

渋谷　浩（しぶや　こう）
一九二九年 群馬県みなかみ町生まれ、群馬大学学芸学部（歴史・近世史）専攻卒。
現在：群馬県立文書館運営協議会委員、群馬地域文化振興会評議委員。
元：月夜野一中、利根農林高校、渋川女子高校教頭、長野原高校長、月夜野町教育長。

共著：『群馬県史（近世）』、同『群馬県百年史・上下』、同『群馬県百科事典』、同『上州の諸藩・沼田藩』、同『沼田市史・近世』、同『古馬牧村史』（分担執筆）。

高山　正（たかやま　まさし）
一九五七年　群馬県沼田市生まれ。
現在：沼田市歴史資料館長、富岡製糸場世界遺産伝道師、群馬歴史散歩の会利根沼田支部事務局長。
元：沼田市教育委員会教育部長。
著書：『利根沼田の人物伝』上毛新聞社、「童謡作詞家　林柳波の生涯」上州路三九五号・あさを社。

田中　修（たなか　おさむ）
一九四六年　群馬県渋川市生まれ、九州大学大学院博士課程修了（農政経済学）、農学博士。
現在：群馬県農業問題研究会長。
元：群馬県職員、群馬県理事兼農業局長、群馬県スローフード協会理事長、放送大学非常勤講師。
著書：『老農船津伝次平の農法変革論』筑波書房二〇一一年、『食と農とスローフード』筑波書房二〇一一年、『稲麦養蚕複合経営の史的展開』日本経済評論社一九九〇年。
共著：『製糸の都市前橋を築いた人々』上毛新聞社二〇一八年、『富岡製糸場と群馬の蚕糸業』日本経済評論社二〇一六年。

利根川太郎（とねがわ　たろう）
一九四九年　群馬県みなかみ町生まれ、福島大学教育学部卒業。
元：群馬県公立小中学校教員。
著書：「視聴覚教材：利根沼田の古墳」群馬県生涯学習センター、「放送教材を効果的に活用した授業の在り方」群馬県教育センター・一一九八五年、新治村誌編さん委員会、みなかみ町教育委員会編『新治村誌　通史編』（分担執筆）二〇〇九年。

藤井茂樹（ふじい　しげき）
一九五二年　群馬県沼田市生まれ。駒澤大学文学部歴史学科卒業。
現在：群馬県文化財保護指導員、元川場村村誌編纂室長。
著書：『群馬県姓氏家系大辞典』、『群馬郷土史事典』、『利根川荒川事典』、『ぐんま新百科事典』、『沼田市史』、『新編白沢村誌』、『片品村誌』、『川場村誌』他（分担執筆）。

あとがき

平成二十七年に研究会を立ち上げて、研究会・現地視察会・講演会を実施し、講師・報告者にはこれを基に、Ⅱの各章（用水論・各論）としてまとめていただいた。また、近年の資料と現地調査を基に分かりやすい用水地図の作成を含めた概説部分Ⅰを書くことに時間がかかり約五年が過ぎてしまった。幹事を中心に何度も編集会議を開催し、現地調査、地図・資料の確認・検討など、試行錯誤の後半であった。

その成果は、「幻の用水」といわれた真田用水群の取水口や末端などの各ポイントの標高や距離を、今日の技術や情報により確認することができ、歴史資料の確認とともに、その違いや変更も明らかにされた意義は大きい。

真田氏時代の経済基盤強化・拡大としての用水開削・新田開発・宿の開設や、村人の精神的安寧や心の結合の基盤となる地域の神社仏閣の建造などから、真田氏の近世村づくりの解明に、多少の貢献ができたのではないかと思われる。

今日的視点から、真田用水を見つめ直す意義は、地域の未来への発展方向を示唆しているとも思われる。

この間に、群馬県利根沼田農業事務所農村整備課には、用水地図の作成では大変お世話になった。また、みなかみ町の原澤達也氏、四ヶ村用水では地区の元水理員の師久夫氏、間歩用水組合事務局の吉澤幸一氏などに資料提供や貴重なご意見を賜った。この場を借りて厚くお礼を申し上げたい。

本研究会の出版事業に関し、ご理解と協賛を頂いた企業・学校・団体には心から感謝を申し上げます。

本書の編集は、歴史視点では主に丑木幸男氏が担当し、農業視点からは田中修が担当、全体の編集は両者が協力担当した。出版事情の厳しき折、上毛新聞社の富澤隆夫氏には無理を聞いていただき心から感謝を申し上げたい。

本研究会の役員のメンバーは以下の通りである。

〔真田用水研究会の役員構成〕

代表幹事・編集担当　田中　修
副代表幹事　藤井茂樹
幹事・編集担当　丑木幸男
幹事　河合明宣
幹事　金井竹徳

令和二年一月吉日

田中　修

出版協賛（順不同）

株式会社サンポウ

カネコ種苗株式会社

株式会社サンワ

有坂学園・専門学校中央農業大学校

群馬県土地改良事業団体連合会

沼田藩 美田を拓いた真田氏五代
真田用水群の魅力

発行日：2020年5月12日 初版第1刷

編著者：真田用水研究会／田中 修 丑木幸男

発 行：上毛新聞社事業局出版部

〒371-8666 前橋市古市町1-50-21

tel 027-254-9966

ⓒ Jomo Press 2020 Printed in Japan

禁無断転載・複製
落丁・乱丁本は送料小社負担にてお取り換えいたします。
定価はカバーに表示してあります。

ISBN978-4-86352-259-6

ブックデザイン／寺澤事務所・工房